CONSIDÉRATIONS

SUR LES

EFFETS SOUTERRAINS DE LA POUDRE.

A MONSIEUR FRÉDÉRIC GOSSELIN,

Ancien Élève de l'École Polytechnique, Ingénieur des Ponts et Chaussées,
Chevalier de la Légion-d'Honneur,

A SENLIS (OISE).

Mon cher fils,

Les sympathies ne se produisent pas seulement par les liens du sang; elles naissent encore d'une communauté de goûts et d'études.

Reçois donc cette œuvre des loisirs de ma retraite, comme gage de l'estime et de l'affection que n'a cessé de te porter

Ton père et ami dévoué.

TH. GOSSELIN.

Metz, le 30 juin 1857.

A MONSIEUR FRÉDÉRIC GOSSELIN,

Ancien Élève de l'École Polytechnique, Ingénieur des Ponts et Chaussées,
Chevalier de la Légion-d'Honneur,

A SENLIS (OISE).

Mon cher fils,

Les sympathies ne se produisent pas seulement par les liens du sang; elles naissent encore d'une communauté de goûts et d'études.

Reçois donc cette œuvre des loisirs de ma retraite, comme gage de l'estime et de l'affection que n'a cessé de te porter

Ton père et ami dévoué.

Th. GOSSELIN.

Metz, le 30 juin 1857.

AVERTISSEMENT.

Ces *Considérations sur les effets souterrains de la poudre* ont été, dans un premier mémoire, soumises à l'examen du Comité des fortifications.

L'auteur n'a négligé aucun soin pour faire subir à son nouveau travail les modifications qui lui ont été indiquées.

Après le témoignage de satisfaction personnelle exprimé par Son Excellence le Ministre de la guerre, cette révision n'a pas été simplement une amélioration, c'est un acte de reconnaissance.

RÉSUMÉ

DE LA

DÉLIBÉRATION DU COMITÉ DES FORTIFICATIONS

En date du 9 juillet 1856.

— ⚬ —

. . . .

D'après ces diverses observations, le Comité considérant que le Mémoire du Lieutenant-Colonel Gosselin est une œuvre très-importante qui, sous le rapport théorique, réalise un progrès incontestable, puisque l'auteur y aborde la solution rationnelle d'une question que personne n'avait encore osé entreprendre, et, reconnaissant toutefois que les méthodes du calcul des charges qui y sont indiquées, bien qu'ingénieuses et simples, ne sauraient cependant être préférées[1] aux méthodes actuellement en usage,

Est d'avis :

Que le Ministre de la Guerre veuille bien accorder. au Lieutenant-Colonel du Génie en retraite Gosselin.

---

[1] L'auteur n'a plus balancé à se rapprocher des méthodes actuellement en usage.

auteur d'un *Mémoire sur les effets souterrains de la poudre*, un témoignage particulier de sa satisfaction pour le talent déployé dans cette œuvre ; et, dans le cas où cet Officier supérieur désirerait donner de la publicité à son travail, que le Ministre veuille bien en encourager la publication en souscrivant, sur les fonds de son département, à un grand nombre d'exemplaires, après avoir invité l'auteur à reviser son mémoire en ayant égard aux observations contenues dans le présent avis.

SOMMAIRE.

Chapitre   I. — Préliminaires.
  —   II. — Résistances des milieux solides.
  —   III. — Combustion des charges. — Rayons de compression
              et de rupture. — Entonnoirs des fourneaux.
  —   IV. — Théorie du calcul des charges.
  —   V. — Calcul des charges dans la terre ordinaire.
  —   VI. — Force absolue de la poudre.
  —   VII. — Aperçus sur le bourrage.
  —   VIII. — Charges dans un milieu quelconque. — Fourneaux
              d'épreuve.

Erratum. — Page 26, ligne 12. Au lieu de : par $\pi pr^2[1 + \alpha u^2]$,
lisez : $k\pi pr^2[1 + \alpha u^2]$.

CONSIDÉRATIONS

SUR LES

EFFETS SOUTERRAINS DE LA POUDRE.

CHAPITRE I.

PRÉLIMINAIRES.

1. — Point de vue le plus général du problème des mines.

Lorsque le feu est transmis à la charge d'un fourneau de mines, la poudre se transforme presque immédiatement en gaz dont la dilatation donne naissance, au-dessous de la surface du sol, à un vide intérieur de forme sphérique.

La charge est-elle faible, ce vide n'est accompagné d'aucun effet au-dehors ; est-elle plus considérable, il y a encore dilatation intestine des gaz, puis explosion, puis enfin production d'un *entonnoir* dont la surface presque conique, évasée à sa partie supérieure, est de révolution autour de la perpendiculaire abaissée, du centre des poudres, au plan qui limite le dessus du terrain.

La transformation de la charge en gaz est un phénomène commun à tous les fourneaux, sans exception ; on n'en peut dire autant de l'explosion, puisqu'elle appartient uniquement à ceux qui reçoivent une charge suffisante.

Pour aborder le problème des mines dans sa plus grande extension et pour embrasser, autant qu'il est possible, dans une seule et même théorie, le calcul des charges de toute espèce de fourneaux, il ne faut pas s'attacher exclusivement à ce qui n'est qu'une suite de l'explosion, c'est-à-dire à la considération du poids ou du volume des terres projetées par l'ouverture de l'entonnoir.

On entrera, au contraire, dans une voie plus large, en étudiant d'abord, avec quelque attention, la formation successive des gaz de la poudre mise en action ; là se découvrira la racine, la source de tous les effets souterrains, si diversifiés qu'ils soient dans la pratique.

2. — Périodes dans le jeu d'un fourneau.

Trois périodes se succèdent le plus ordinairement, l'une après l'autre, dans le jeu d'un fourneau.

Pendant la première, les gaz que fait naître la combustion de la poudre, compriment intérieurement les terres et s'y dilatent, jusqu'à ce que leur tension soit réduite de manière à faire équilibre à la résistance du milieu solide et à lui devenir égale et contraire.

Pendant la seconde période, qui dure jusqu'à la fin de la combustion, non-seulement la compression des terres, la formation et la dilatation de nouveaux gaz se

continuent, mais encore une partie de ceux-ci se perd
inutilement et s'échappe à l'extérieur, c'est-à-dire du
côté le plus favorable à cette fuite.

Arrive enfin la troisième période, à partir de laquelle
la combustion est terminée et où les gaz restés à l'intérieur, sont entièrement mis à découvert. C'est alors
que, se dilatant de nouveau, en vertu de leur tendance
à prendre le ressort atmosphérique, ils développent
une force vive qui projette les terres au dehors de
l'entonnoir.

L'existence de ces trois périodes n'est pas douteuse
pour ceux qui ont assisté à des exercices de mines.
D'abord on éprouve une sensation de trépidation sous
les pieds, sans rien voir à l'extérieur; puis, sans que
ce mouvement de trépidation cesse, le terrain se sou-
lève peu à peu et l'on aperçoit une couronne de fumée
qui tourbillonne à la surface de l'entonnoir; puis enfin,
le tremblement du sol s'arrête et l'éruption éclate.

3. — Différence entre la charge d'un projectile et celle d'un fourneau.

Une différence caractéristique sépare la théorie de
la balistique et la théorie des mines. Plus il importe,
dans le tir des projectiles, de faire acquérir rigoureusement au mobile une force vive ou une vitesse conve-
nable, plus cette vitesse est insignifiante à l'égard des
terres qui jaillissent d'un fourneau où l'essentiel est
que l'effet intérieur se renferme dans les limites assi-
gnées d'avance selon les nécessités de l'attaque ou de
la défense. Faisant donc abstraction de la troisième
période ou de la période dite d'explosion, nous cir-

conscrirons notre étude dans les deux premières, pendant lesquelles il y a compression intérieure des terres, formation des gaz et fuite d'une partie de ces derniers.

Que nos recherches s'écartent plus ou moins des anciens préceptes du mineur, elles ne perdront rien, nous l'espérons, aux yeux de ceux qui n'accordent jamais une foi passive à quiconque a parlé le premier.

CHAPITRE II.

RÉSISTANCES DES MILIEUX SOLIDES.

1. — Résistance unitaire.

Pour peu qu'on réfléchisse sur les obstacles qu'un fourneau de mines doit vaincre dans le milieu solide où il est établi, on ne tarde pas à s'apercevoir que le principal doit toute son énergie à la résistance du milieu contre la force expansive des gaz de la poudre. Entrons au préalable dans quelques détails touchant la loi de cette résistance.

Au lieu de varier comme le quarré de la vitesse avec laquelle un mobile traverse les fluides, la résistance que les milieux solides tels que le roc, les maçonneries, les terres, semblent opposer au mouvement, demeure, *par unité de surface*, indépendante de la vitesse et prend ainsi une valeur constante que nous nommerons désormais p, mais qui, cependant, change d'un milieu à l'autre.

Assignée d'abord par D.-G. Juan à la résistance des milieux solides, cette loi de l'indépendance de la vitesse fut, ensuite, d'un commun accord, adoptée par les Prony, les Navier, les Poncelet.

Plus tard, en 1834, parut, sur les pénétrations des projectiles dans les milieux, le mémoire d'une Commission d'officiers d'artillerie, formée alors à Metz pour l'établissement des principes du tir, et il y est dit, page 38 :

« Ce phénomène (il s'agit de la forme conique que
» prend le volume d'impression des projectiles dans un
» milieu) est de nature à faire croire que, dans les
» grandes vitesses, la résistance des milieux n'est pas
» indépendante de la rapidité du mouvement, ainsi
» qu'on l'a admis et que l'expérience l'a démontré
» pour les petites vitesses. Cette réflexion porterait
» donc à penser que cette résistance doit être re-
» présentée par une fonction de deux termes, dont l'un
» serait indépendant de la vitesse et dont l'autre en
» serait une fonction et deviendrait négligeable quand
» celle-ci serait assez faible. »

Que la Commission définisse ainsi l'ensemble ou la résultante des résistances simultanées opposées par le milieu au mouvement d'un mobile, nous montrerons bientôt qu'il n'y a là rien qui contredise l'opinion des savants qui ont attribué l'indépendance de la vitesse, non pas à cette résistance totale, mais seulement à la résistance *unitaire*, ou par unité de surface.

5. — Volume d'impression, indépendance de la résistance par rapport à la vitesse.

Le volume d'impression, ou le vide qu'un boulet laisse derrière lui, en s'enfonçant dans un milieu, n'est pas, comme on pourrait le croire, un cylindre à base circulaire dont la longueur s'étendrait en entier dans le sens du mouvement. Si même, alors que la résistance unitaire demeure constante, ce volume pouvait être cylindrique, on arriverait à la conclusion démentie par l'observation, que les pénétrations d'un projectile, dans un même milieu, sont en raison directe des quarrés de ses vitesses initiales.

Cette forme consiste en une espèce de canal conique dont les sections transversales, bien qu'encore circulaires, diminuent depuis l'entrée jusqu'au fond. La Commission l'a principalement observée dans la terre argileuse où le diamètre du trou, d'abord quatre fois plus grand que celui du boulet, lui devient égal quand le mobile est parvenu au terme de l'excavation.

Ce fait établi, et en admettant l'hypothèse de la résistance unitaire regardée comme une constante p indépendante de la vitesse du mobile, on voit de suite qu'au bout du temps t écoulé depuis l'instant où le boulet est entré dans le milieu, la résistance totale possède une intensité mesurée par $\pi z^2 p$ (z étant le rayon de la section transversale de l'impression produite au bout du même temps t) ; que, si on appelle x la distance dont cette section se trouve alors éloignée par rapport au point d'entrée pris pour origine, le produit $\pi p z^2 dx$ sera l'expression du travail que la résistance absorbe pendant le temps élémentaire dt ; que d'ailleurs, nommant M, V, E, U, la masse, la vitesse initiale du projectile, la profondeur du volume d'impression et la totalité de ce volume, on aura, en vertu du principe des forces vives,

$$\frac{MV^2}{2} = p \cdot \int_0^E \pi z^2 dx = p \cdot U;$$

car dU ou la différentielle du volume d'impression n'est pas autre chose que $\pi \cdot z^2 dx$. D'où l'on déduit :

$$p = \frac{\frac{1}{2}MV^2}{U}.$$

La résistance d'un milieu solide est donc égale, par unité de surface, à la demi-force vive initiale du mobile, divisée par le volume d'impression ; et si, de fait, il est constaté que, dans un même milieu, la force vive du projectile demeure proportionnelle au volume d'impression, n'est-ce pas avoir vérifié, à l'égard de la résistance de ce milieu, la loi de l'indépendance de la vitesse ?

Toutefois, une vérification de ce genre ne saurait se réaliser sur les terres végétales, légères ou composées de sable, de gravier, et cela, par la raison que ces terres s'ameublissent sous l'action du projectile et que le volume d'impression, à mesure qu'il se forme, disparaît de lui-même, se dérobant ainsi à toute opération ultérieure.

Ce n'est pas un motif pour récuser le principe. La preuve qu'il est possible d'en faire usage partout où, après la pénétration du mobile, le volume d'impression conserve encore son intégrité, la Commission la fournit dégagée de toute espèce de doute ; car, à la suite d'expériences sur les milieux durs tels que le calcaire oolithique, les maçonneries, le chêne, le sapin et les métaux, presque toujours elle admet moyennement, dans chaque milieu, la proportionnalité de la force vive du corps choquant au volume d'impression.

Que les moitiés de ces rapports observés sur l'oolithe et sur les maçonneries soient adoptées pour valeurs absolues de la résistance unitaire de ces milieux, ce serait exagérer ces résistances; ce serait, comme l'a fait remarquer le Comité des fortifications, « ne pas » tenir compte des effets de compression qui sont pro- » duits dans le projectile et dans la partie du milieu » solide qui enveloppe le volume de l'impression. » On évitera, en partie du moins, ces inconvénients, en ne choisissant, pour types de comparaison, que des épreuves où les boulets seront restés *intacts*, après l'instant initial de la pénétration.

6. — Usage des enfoncements observés dans les milieux.

Du moment qu'un volume d'impression n'est susceptible de se mesurer que dans un milieu dur ou consistant, un tel moyen n'offre pas une méthode générale et suffisante d'évaluer les résistances. Il vaut mieux recourir à des observations qui soient praticables en toute circonstance. Telles sont celles des enfoncements d'un mobile dont les amplitudes sont facilement estimées d'après le mesuré de la distance qu'il a parcourue, depuis son entrée dans chaque milieu jusqu'à l'endroit où la vitesse *éteinte* le force à s'arrêter. Or, il existe une relation directe entre la vitesse d'entrée du mobile, sa pénétration totale dans le milieu et la résistance de ce dernier, de sorte que, deux de ces éléments étant donnés, on sera à même de calculer le troisième. En obtenant cette relation, on aura donc fait un pas immense dans la question des résistances.

7. — Résistance d'un milieu contre une surface plane.

On supposera provisoirement que le mobile soit un cylindre qui se meut dans le sens de sa longueur, que A soit l'aire de sa base antérieure et perpendiculaire à la direction du mouvement. Appelons encore V la vitesse initiale du mobile quand il entre dans le milieu, u sa vitesse au bout du temps t, x la distance qui a lieu, en même temps que la vitesse u, entre la base antérieure du mobile et un point fixe qui sera celui d'entrée dans le milieu, de manière qu'on ait $dx = udt$.

L'effet de la résistance du milieu est, par une action incessante, de s'opposer au mouvement intérieur, d'en diminuer la rapidité, ainsi que la vitesse u qui décroît à mesure que le mobile s'éloigne intérieurement de l'origine ou du point fixe, jusqu'à devenir nulle au point d'arrêt de ce mobile.

D'autre part, les expériences de la Commission ont fait voir que, loin d'être constantes, les sections transversales du volume d'impression deviennent de plus en plus petites, en se rapprochant du fond où elles prennent une grandeur égale à l'aire A de la section mobile ; que, par conséquent, d'un point à l'autre du parcours, elles varient en même temps et dans le même sens que la vitesse u.

Une section transversale quelconque du volume d'impression et située à la distance x du point fixe, peut donc et doit être regardée comme une fonction ayant pour variable indépendante la vitesse u ou son quarré u^2 et sous une forme telle que, pour $u = 0$, sa valeur devienne égale à A. En un mot, α étant un coefficient indépendant de la nature des milieux solides, cette fonction ou l'aire de la section transversale du volume d'impression qui correspond à la position x, au temps t et à la vitesse u, sera représentée par l'expression

$$A[1 + \alpha u^2],$$

et si l'on conserve à la résistance unitaire sa dénomination p, la résistance totale exercée contre cette section prendra la valeur

$$p \cdot A[1 + \alpha u^2].$$

Essayons de justifier, par le raisonnement, cette dernière forme algébrique, sans pourtant attacher à l'explication plus d'importance qu'elle ne mérite.

Deux causes réunies s'opposent au mouvement du mobile cylindrique. La première est la résistance propre à sa base A; l'intensité de cette résistance est p.A et le travail que, pour son compte, elle absorbe pendant le temps dt ou le long du chemin dx que parcourt le mobile, a pour mesure le produit pA$.dx$.

La seconde cause résulte de ce que, pendant le temps dt, le mobile entraine à sa suite une masse élémentaire environnante du milieu, en lui imprimant sa vitesse actuelle u. Nommant dM' cette portion de masse entrainée pendant le temps dt, la demi-force vive $\dfrac{dM'.u^2}{2}$ représentera le travail élémentaire qui doit diminuer, d'autant, la force vive que le mobile possède.

En définitive, la somme $p \cdot A dx + \dfrac{u^2}{2} \cdot dM'$ va donner le travail élémentaire que, pendant le temps dt, les résistances absorberont ensemble.

Si δ' est la densité du milieu, g la vitesse imprimée par la gravité au bout de la première seconde, et dU' le volume de la masse dM', on aura $dM' = \dfrac{\delta'}{g} dU'$.

Mais le volume dU' doit être proportionnel à dx, à l'aire transversale A du mobile, et d'autant plus grand que la cohésion γ' du milieu est plus considérable. Autrement dit, ce volume différentiel sera proportionnel au produit $A dx \gamma'$ et dM', à $\dfrac{A dx \cdot \gamma' \delta'}{g}$, ou même encore à $\dfrac{2 \alpha' A dx \cdot p}{g}$, attendu qu'il est naturel d'admettre que la résistance unitaire p du milieu suive la raison directe de sa densité δ' et de sa cohésion γ', ou que le produit $\gamma' \delta'$ soit remplacé par $2 \alpha' p$, α' étant un coefficient constant, quel que soit le milieu.

Après ces substitutions, le travail élémentaire des résistances réunies contre le mouvement devient :

$$p A dx + \dfrac{2 \alpha' \cdot p A dx}{2 \cdot g} \cdot u^2$$

ou bien

$$dx \cdot pA [1 + \alpha u^2],$$

valeur dans laquelle le coefficient z est non moins constant et non moins indépendant de la nature du milieu, que la quantité $\dfrac{\alpha'}{g}$ que ce coefficient remplace.

Divisons par dx cette quantité de travail élémentaire ; le quotient $p\mathrm{A}[1 + zu^2]$ donne la résistance totale correspondant au temps t, à la vitesse u et à la distance x parcourue ; et, comme p est la valeur de la résistance par unité de surface, il faut que la section transversale d'*impression*, au lieu de demeurer égale à A, devienne une fonction variable $\mathrm{A}[1 + zu^2]$.

8. — Résistance contre une sphère mobile.

L'expérience et l'observation semblent montrer que, lorsqu'un boulet se meut en ligne droite dans un milieu consistant, la résistance du milieu au mouvement de la surface sphérique du projectile est proportionnelle à celle qu'éprouverait la surface de son grand cercle, animée de la même vitesse que le boulet et perpendiculaire à la direction du mouvement.

Ce plan de grand cercle restant constamment fixé au centre de la sphère, on admettra sans peine que les sections du volume d'impression occupent les positions successives de ce centre et que leur grandeur se trouve en même temps définie par la vitesse variable u du mobile.

Ces données préalables étant posées, r et π représentant le rayon du boulet et le rapport de la circonférence au diamètre, enfin K étant un coefficient numérique particulier à la forme sphérique du projectile, la résistance totale à chaque instant pourra s'exprimer sous la forme

$$\mathrm{K}\pi p r^2 [1 + zu^2].$$

Sur la figure 1, la ligne PQ représente le *parement extérieur* ou l'entrée du milieu solide dans lequel tend à pénétrer un boulet dont le centre se dirige le long d'une droite AC perpendiculaire à ce parement.

On voit aussi que la droite MN représente la position de la section d'impression au moment où le centre arrive au point quelconque O.

Nous désignerons par x la distance O'O parcourue par le centre au bout du temps t à partir de sa position initiale O'; non-seulement on aura $u = \dfrac{dx}{dt}$, mais encore la résistance totale du milieu s'exprimera, comme on vient de le dire, par $\pi p r^2[1 + \alpha u^2]$.

Enfin l'aire de la section circulaire d'impression qui correspond à la fois au temps t et à *l'abscisse* $x = $ O'O, sera $\pi r^2[1 + \alpha u^2]$ et, si on appelle z le rayon MO de cette section, on aura

$$\pi r^2[1 + \alpha u^2] = \pi z^2,$$

ou simplement

$$z^2 = r^2(1 + \alpha u^2).$$

9. — Relation entre la vitesse d'un mobile, sa pénétration dans un milieu et la résistance unitaire de ce dernier.

Nous pouvons maintenant parvenir à l'essentielle relation dont il a été parlé (6), puisque le mouvement du boulet est ramené à celui d'un plan normal à sa direction, marchant dans le milieu solide, depuis la position *initiale* O' du centre jusqu'à sa position *finale* O″, et qu'en outre ce plan est soumis à la force résistante variable $K\pi pr^2[1 + \alpha u^2]$.

Le travail élémentaire de cette force, pendant le temps infiniment petit, sera d'ailleurs estimé par le produit $K\pi pr^2[1 + \alpha u^2]dx$, et la perte de force vive qu'éprouve la masse M du boulet, par $Mudu$; ce qui établit l'équation

$$- Mudu = K\pi pr^2[1 + \alpha u^2]dx$$

pouvant se mettre sous la forme

$$dx = \frac{-M}{K\pi p\alpha r^2} \cdot \frac{dz}{z},$$

après qu'on a remplacé $1 + \alpha u^2$ et udu par leurs équivalents $\dfrac{z^2}{r^2}$ et $\dfrac{zdz}{\alpha r^2}$.

On a pour intégrale

$$x = \frac{-M}{K\pi p\alpha r^2}L(z) + \text{constante} ;$$

le signe L indique le *logarithme népérien*, lequel se transforme en logarithme tabulaire multiplié par le *module* 2,3026.

On fait disparaître la constante arbitraire, d'après cette observation qu'à la position *finale* O″ du centre, correspondent les valeurs $u = 0$, $z = r$, $x = O'O'' = AC = E$ (c'est la pénétration totale du mobile). On obtient ainsi :

$$x = E - \frac{M}{K\pi p \alpha r^3} L\left(\frac{z}{r}\right),$$

pour l'équation de la courbe *méridienne* FM*f* du volume d'impression dont la surface est évidemment de *révolution* autour de l'axe O'O''.

L'équation précédente, par la substitution de $1 + \alpha u^2$ à $\dfrac{z^2}{r^2}$ devenant

$$x = E - \frac{M}{2K\pi p \alpha r^3} L(1 + \alpha u^2),$$

si l'on remarque qu'à la position *initiale* O' du centre, correspondent simultanément $x = 0$ et $u = V$ (V est la vitesse initiale du projectile), on trouve alors pour la pénétration totale E en fonction de cette vitesse initiale ,

$$E = \frac{M}{2K\pi p \alpha r^3} L(1 + \alpha V^2).$$

Sans trop nous écarter de l'objet principal, nous pouvons transformer cette formule en une autre exprimant plus clairement la pénétration E en fonction de la charge et du poids du projectile.

On substituera d'abord à $L(1 + \alpha V^2)$ le produit $2{,}3026 \times \log(1 + \alpha V^2)$; puis en appelant δ la densité de la fonte, $D = 2r$ le diamètre du boulet, g la vitesse imprimée par la gravité au bout de la première seconde, et en remplaçant la masse M par sa valeur

$\dfrac{\pi\delta D^3}{6.y}$, on posera $\dfrac{2{,}3026}{3\mathrm{K}pxg} = \mathrm{A}'$. D'ailleurs, comme le quarré V^2 de la vitesse initiale est proportionnel au poids c de la charge et en raison inverse du poids q du projectile, on donne à $\log(1 + \alpha V^2)$ cette autre forme $\log\!\left(1 + \dfrac{\mathrm{B}'c}{q}\right)$. L'expression précédente revient alors à celle-ci

$$E = \mathrm{A}'\mathrm{D}\delta\log\!\left(1 + \dfrac{\mathrm{B}'c}{q}\right),$$

laquelle est semblable à la formule d'interpolation de M. le général Piobert, indiquée page 46 du mémoire de la Commission d'artillerie.

10. — Principes sur le rapport entre les résistances unitaires de deux milieux.

Supposons qu'un projectile de même masse et de même volume que le précédent soit tiré avec la même vitesse initiale contre un autre milieu dont la résistance unitaire, au lieu d'être p soit maintenant p'.

Ici, selon que la résistance p' se trouve supérieure ou inférieure à la résistance p du premier milieu, le nouvel enfoncement E' devient plus petit ou plus grand que E. Pour connaitre E' d'après ces hypothèses, il faut, dans la formule,

$$E = \dfrac{M}{2\mathrm{K}\pi xpr^2} L(1 + \alpha V^2),$$

changer p en p', sans toucher aux autres données K, α, r, M et V, et, par conséquent, poser

$$E' = \frac{M}{2K\pi\alpha p'r^2} L(1 + \alpha V^2);$$

d'où l'on conclut

$$Ep = E'p'.$$

Donc, à égalité de forces vives ou de vitesses initiales, ou même de charges d'un même projectile tiré de distances égales contre deux milieux de natures différentes, les résistances de ces milieux, par *unité de surface*, sont en raison inverse des pénétrations respectives.

En ce qui concerne le rapport entre les résistances des milieux solides, la méthode, pour la déterminer, est susceptible de se généraliser.

Et, en effet, soient MV^2, $M'V'^2$, $M''V''^2$............ diverses forces vives, successivement et chacune employées comme deux milieux de résistances unitaires p et p'; E, E_1, E_2, ... les enfoncements que ces forces vives produisent dans le premier milieu; E', E'_1, E'_2, ... les enfoncements correspondants qu'elles produisent dans le second. On aura cette suite d'égalités :

En vertu de la force vive MV^2............... $Ep = E'p'$
   —   — $M'V'^2$............... $E_1 p = E'_1 p'$
   —   — $M''V''^2$............... $E_2 p = E'_2 p'$

. . . .

ainsi de suite. et par conséquent

$$\frac{p'}{p} = \frac{E + E_1 + E_2 + \dots}{E' + E'_1 + E'_2 + \dots}$$

11. — Rapports numériques des résistances, l'une d'elles étant prise pour unité.

Les espèces de milieux solides dans lesquelles jouent, d'ordinaire, les fourneaux de mines, se réduisent à trois principales : le roc, les maçonneries et les terres. La connaissance de leurs résistances ou du moins de leurs rapports, est une nécessité à laquelle nous attachons un vif intérêt, parce qu'en réalité c'est moins le poids de ces milieux que leurs résistances qu'il faut mettre en ligne de compte dans le calcul des charges.

Dans son *Traité d'artillerie*, M. le général Piobert a rédigé deux tableaux de la pénétration des boulets de 36, 24, 16, 12 et 8, l'une dans les terres *rassises*, *moitié sable*, *moitié argile*, l'autre dans les *maçonneries de bonne qualité*. Ces boulets ont été tirés sous diverses charges (les mêmes dans les tableaux), aux distances de 25, 50, 100, 200, 300, 400, 500, 600, 800 et 1000 mètres.

L'auteur ajoute : 1° Que les boulets se brisent aux petites distances et jusqu'à 100 mètres, avec les charges du tiers et de la moitié du poids du boulet;

2° Que les pénétrations dans les autres maçonneries et les pénétrations dans les terres d'une autre nature se déduisent respectivement des deux tableaux.

en multipliant les résultats qu'ils indiquent par les coefficients suivants :

MAÇONNERIES.

1. Maçonnerie de bonne qualité à Metz........ 1,00
2. Maçonnerie de médiocre qualité............ 1,25
3. Maçonnerie de briques.................... 1,75
4. Roche de calcaire oolithique des Geniveaux,
    près Metz........................... 0,46

TERRES.

5. Terres rassises, moitié sable, moitié argile ... 1,00
6. *Terres ordinaires* ou sable mêlé de gravier .. 0,65
7. Terre mêlée de sable et de gravier, et terre pe-
    sant plus de deux fois le poids de l'eau 0,87
8. Terre végétale rassise et terre rapportée, moitié
    sable, moitié argile................... 1,09
9. Argile de potier, humide................ 1,44
10. Argile de potier, mouillée 2,10
11. Terre légère d'ancien parapet............. 1,50
12. Terre légère nouvellement remuée.......... 1,90

Pour rendre comparables entre elles les pénétrations du milieu N° 1 et celles du milieu N° 5, on fera abstraction de celles où les boulets se brisent, en ajoutant seulement les pénétrations dans le milieu N° 1 aux distances de 200 à 1000 mètres, puis ensuite celles dans le milieu N° 5 aux mêmes distances. La somme des premières étant de 34^m,58 et la somme des autres s'élevant à 164^m,47, on fait usage de la méthode générale qui termine le paragraphe 10 et l'on trouve immédiatement, d'après le rapport $\dfrac{164^{m},47}{34^{m},58} = 4,76$, que la résistance de la bonne maçonnerie équivaut à 4,76 fois celle des terres rassises, moitié sable, moitié argile.

Si nous combinons toutes ces données entre elles, nous déduirons, à l'aide du simple principe que les résistances de deux milieux sont en raison inverse de leurs pénétrations, ce tableau des résistances relatives, la résistance absolue des *terres ordinaires* ou sable mêlé de gravier étant prise pour unité :

TABLEAU *des résistances relatives des milieux solides qui se rencontrent dans les fourneaux de mines.*

NUMÉROS D'ORDRE.	NATURE DES MILIEUX.	RÉSISTANCE RELATIVE.
1	Maçonnerie de bonne qualité à Metz.........	5,00
2	Maçonnerie de médiocre qualité...........	2,40
3	Maçonnerie de briques	1,71
4	Roche de calcaire oolithique des Geniveaux, près Metz...........................	6,52
5	Terres rassises, moitié sable, moitié argile...	0,65
6	*Terres ordinaires* ou sable mêlé de gravier..	1,00
7	Terre mêlée de sable et de gravier, et terre pesant plus de deux fois le poids de l'eau.....	0,72
8	Terre végétale rassise et terre rapportée, moitié sable, moitié argile....................	0,58
9	Argile de potier, humide.................	0,44
10	Argile de potier, mouillée................	0,29
11	Terre légère d'ancien parapet.............	0,42
12	Terre légère nouvellement remuée	0,55

Il est utile de se faire une idée de la résistance des milieux solides et surtout de celle des terres dites ordinaires, que le tableau ci-dessus indique comme étant le tiers de la résistance des bonnes maçonneries de Metz, dont on sait que le parement extérieur se compose en calcaire oolithique. D'une part la résistance à la pénétration de ce calcaire peut se comparer à sa résistance à l'écrasement, surtout quand il n'y a ni déformation, ni rupture du projectile ; et d'autre part, des expériences du capitaine du génie C. G. de Monfort, sur les matériaux de la place de Metz, ont constaté que la résistance à l'écrasement, du calcaire jaune oolithique de Jaumont, s'élevait de 120 à 180 kilogrammes, ou moyennement à 150 kilogrammes par centimètre carré.

Telle est aussi la résistance à la pénétration de la bonne maçonnerie, et, comme cette dernière est triple de la résistance à la pénétration des terres ordinaires, celle-ci doit être de 50 kilogrammes, c'est-à-dire de 48,40 atmosphères (la pression atmosphérique ayant pour mesure 1^k,033 par centimètre carré).

CHAPITRE III.

COMBUSTION DES CHARGES. — RAYONS DE COMPRESSION ET DE RUPTURE. — ENTONNOIRS DES FOURNEAUX.

12. — Définitions.

Que des charges établies à des profondeurs égales au-dessous de la surface d'un terrain, soient faibles ou fortes, leur inflammation n'en produit pas moins toujours un vide intérieur qui se maintient au dedans du milieu solide, tant que la charge est faible ou qui, quand la charge devient assez forte, est suivi de l'explosion et d'un entonnoir à *ciel ouvert*.

O (Fig. 2) étant le centre des poudres, LM la surface du sol, et OH la plus courte distance ou la perpendiculaire, de ce centre à la surface, l'entonnoir consiste dans un cône droit AEFB ayant pour axe cette perpendiculaire et se raccordant, par sa partie inférieure, tangentiellement à une portion EGF de sphère dont le centre est celui des poudres.

On distingue la *ligne de moindre résistance* OH (c'est la plus courte distance du centre du fourneau à la surface supérieure du sol); *le rayon supérieur de l'entonnoir* AH = HB ou de la grande base du cône renversé ; *son rayon inférieur* CO = OD ou celui du cercle d'intersection que détermine le plan parallèle au sol mené par le centre du fourneau; *le rayon d'explosion ou de rupture* OA = OB, c'est-à-dire la distance, à ce centre, d'un point quelconque du bord supérieur de l'entonnoir ; enfin *le rayon de compression intérieure* OG = OE = OF ou de la sphère finalement produite autour du centre des poudres et qui constitue la partie inférieure de l'entonnoir.

Désormais h et R désigneront la ligne de moindre résistance OH et le rayon d'explosion ou de rupture OA = OB ; n et n', les rapports du rayon supérieur et du rayon inférieur de l'entonnoir avec la ligne de moindre résistance prise pour unité, de telle sorte que le rayon supérieur AH sera exprimé par nh, le rayon inférieur OC par $n'h$, et le rayon OA de rupture R par $h\sqrt{1+n^2}$. Quant à l'angle *de demi-ouverture* AOH = BOH, il s'appellera θ, et l'on aura tang $\theta = n$; $\cos \theta = \dfrac{1}{\sqrt{1+n^2}}$.

Selon qu'on a : $n > 1$, $n = 1$, $n < 1$, $n = 0$, le fourneau est dit *surchargé*, *ordinaire*, *sous-chargé*, ou devient un *camouflet*.

13. — Hypothèses sur la combustion de la poudre dans les fourneaux de mines.

Tel est l'effet général d'une charge de poudre dans un fourneau de mines, qu'après la transmission d'une étincelle de feu, elle se transforme, sinon immédiatement, du moins pendant un temps fort court, en gaz éminemment élastiques et soumis, pendant sa combustion, à une très-haute température.

Par *force absolue* de la poudre, on entend la tension que ces gaz posséderaient, si, à cet état et sous cette même température élevée, ils étaient coercés dans le volume primitif de la charge. Cette force estimée par Robins à 1000 atmosphères (on a déjà dit (11) que l'atmosphère est une pression de $1^k,033$ par centimètre carré ou de 10330 kilogrammes par mètre carré de surface) et par Daniel Bernouilli à 10000, Euler l'a évaluée à 5000, Gay-Lussac à 4500 et Rumfort à 54000. « Les officiers de l'artillerie admettent généralement » que le chiffre de 29000 atmosphères est plus approché de la vérité. »

Quelles que soient les circonstances d'un fourneau, nous adopterons, sur la combustion de sa charge, deux hypothèses bien incomplètes, sans doute, sous le point de vue théorique, mais qui suffisent néanmoins à la pratique des mines : la première que, pendant la durée de la combustion, les volumes de gaz se développent successivement *par couches sphériques et concentriques;* la seconde que, pendant cette même durée, les gaz conservent une *température moyenne et constante*, bien que la température doive varier pour une même couche, par un abaissement du ressort de celle-ci depuis la force absolue de la poudre jusqu'à la tension que nécessite le refoulement des terres.

Le point où le volume de la charge reçoit l'inflammation, peut être regardé comme un point fixe autour duquel le terrain oppose à la dilatation des gaz une résistance constante et la même que celle qui fait

4

obstacle (chapitre II) à l'avancement d'un projectile dans un milieu. Les surfaces des volumes successifs de ces gaz se trouvent ainsi soumises à des résistances ou pressions partout égales et qui convergent vers un centre commun ; en vertu des principes de l'hydrostatique, ce sont alors des surfaces sphériques ayant ce point fixe pour centre et dont les rayons, déduits d'après les volumes de gaz déjà formés, croissent par degrés depuis le commencement jusqu'à la fin de la combustion. En pratique il est d'usage de porter le feu au centre même des poudres ; on prendra désormais ce centre pour celui des sphères successives et concentriques de compression.

La seconde hypothèse peut s'admettre encore, surtout à cause de la brièveté du temps que dure la combustion. Au moment où s'enflamme la première couche immédiatement adjacente au centre des poudres, la température de cette couche qui d'abord est très-forte décroît presque de suite, en vertu de son passage à une tension bien inférieure à celle de la force absolue de la poudre et qui est égale et contraire à la résistance du milieu. Les mêmes alternatives de température se répètent, chaque fois, pendant la combustion de la seconde, de la troisième couche de la charge et c'est ainsi qu'à tous les instants qui se succèdent depuis celui *d'ignition* jusqu'à celui où le volume total des gaz s'est accompli dans l'intérieur du milieu, la température doit *osciller*, tantôt au-dessus, tantôt au-dessous d'une température moyenne que nous considérerons comme constante.

14. — Rayon de compression intérieure.

La conséquence de nos deux hypothèses est que, d'une part, les gaz de la charge prennent et conservent, dans le milieu résistant, une tension qui, d'égale qu'elle était à la force absolue de la poudre, le devient à la résistance constante du terrain et que, d'autre part, la température constante sous laquelle est censée s'opérer la transformation, entraîne avec elle l'application de la loi de Mariotte, « application d'ailleurs fort » contestable, cette loi n'ayant été vérifiée que dans » des limites de température et de compression bien » inférieures à celles de la poudre enflammée. »

Quoi qu'il en soit, le volume total des gaz, d'après cette loi, comparé à celui de la charge, va se trouver en raison inverse de la résistance du terrain et de la force absolue de la poudre; par conséquent aussi, tant qu'il n'y a ni perte, ni fuite pendant toute la combustion, la sphère totale des gaz autour du centre des poudres ou, si l'on veut, *la sphère de compression* aura un rayon susceptible de s'apprécier.

r étant ce dernier rayon, C, la charge estimée en kilogrammes, D, la densité ou le poids, en kilogrammes, du mètre cube de poudre, P, la force absolue de cet agent moteur, par mètre carré de surface, p la tension des gaz formés, égale, comme on l'a répété, à la résistance du terrain, le volume de la charge et celui de la totalité de ses gaz seront respectivement $\frac{C}{D}$, $\frac{4}{3}\pi r^3$ et en raison réciproque des tensions P, p. On aura la relation :

$$\frac{C}{D} . P = \frac{4}{3}\pi r^3 p,$$

et par suite

$$r^3 = \frac{3 . C . P}{4\pi . D . p}.$$

15. — Rayon de rupture, rapport entre les rayons conjugués de rupture et de compression.

Cette valeur précédente de r est la plus grande que, dans un milieu de résistance p, puisse recevoir le rayon de compression qui résulte d'une charge C brûlée en totalité, sans perte ni fuite des gaz au travers des terres environnantes. Mais, tant que la combustion n'est pas achevée, on conçoit que ce rayon doive prendre une grandeur variable ρ, comprise entre zéro et le maximum r.

O (Fig. 3) étant le centre des poudres et étant situé à une assez grande profondeur au-dessous de la surface du terrain pour que les gaz de la poudre ne s'échappent pas hors de la sphère de compression, considérons celle-ci, avec son rayon OB ou ρ acquis à un moment intermédiaire entre le commencement et la fin de la combustion.

Divisons la surface de cette sphère, d'une part en une infinité de fuseaux de même angle infiniment petit $d\varphi$ autour d'un même diamètre quelconque AB, d'autre part en une infinité de zones, de bases perpendiculaires à ce diamètre et qui interceptent, sur les grands cercles de division de ces fuseaux, de petits arcs tels que $ac = bd = \rho d\omega$. L'élément différentiel de la surface sphérique sera représenté par le petit rectangle $abcd = ac \times cd$ ou par

$$\rho^2 d\omega \sin\omega d\varphi,$$

à cause de $cd = \rho \sin\omega d\varphi$.

A la pression normale de la tension des gaz contre cet élément sphérique ou à $p\rho^2 d\omega \sin\omega d\varphi$, correspond sa composante, sur le diamètre AB, composante qui se déduit de la pression, en multipliant celle-ci par $\cos\omega$ (ω étant l'angle de la pression avec AB) et qui devient égale à

$$p\rho^2 d\omega \sin\omega \cos\omega d\varphi.$$

Toutes ces composantes, ajoutées entre elles, doivent produire, le long du diamètre AB, une force d'extension en vertu de laquelle la sphère de compression tend à se séparer en deux hémisphères.

Cette force d'extension s'obtient évidemment au moyen de l'intégrale double

$$p\rho^2 \int\int \sin\omega \cos\omega d\omega d\varphi$$

prise d'abord depuis $\omega = 0$ jusqu'à $\omega = \dfrac{\pi}{2}$ et ensuite depuis $\varphi = 0$ jusqu'à $\varphi = 2\pi$.

En considérant $d\varphi$ comme constant, on a :

$$p\rho^2 d\varphi \int \sin\omega \cos\omega d\omega = \frac{p\rho^2 d\varphi}{2} \sin^2\omega + \text{const.}$$

ou simplement depuis $\omega = 0$ jusqu'à $\omega = \dfrac{\pi}{2}$,

$$p\rho^{2}d\varphi \int_{0}^{\frac{\pi}{2}} \sin\omega\cos\omega\,d\omega = \frac{p\rho^{2}d\varphi}{2}.$$

Si l'on intègre une seconde fois, par rapport à φ, depuis $\varphi = 0$ jusqu'à $\varphi = 2\pi$, on trouve

$$\pi p\rho^{2},$$

expression qui indique que le ressort des gaz exerce, sur chaque diamètre, un effort d'extension qui tend à séparer la sphère de compression en deux hémisphères et dont la mesure est le produit de la pression unitaire p de ces gaz multipliée par l'aire $\pi\rho^{2}$ du grand cercle de cette sphère.

Toutefois la séparation trouve, dans la résistance ou la *ténacité* du milieu, un obstacle qui demeure invincible, tant que ce milieu s'étend indéfiniment en tous sens.

Il n'en serait plus de même si le milieu était limité, à l'extérieur, par une surface sphérique de rayon quelconque λ, ou s'il consistait seulement dans une enveloppe creuse ou dans une *croûte* formée de toutes parts et ayant, pour épaisseur *uniforme* la différence $\lambda - \rho$ du rayon extérieur et du rayon intérieur. La résistance que cette enveloppe isolée opposerait à sa rupture en deux parts, deviendrait proportionnelle à l'aire $\pi(\lambda^{2} - \rho^{2})$ de la section méridienne et annulaire du milieu ainsi limité, ou aurait, pour valeur, le produit $T\pi(\lambda^{2} - \rho^{2})$, T étant le coefficient de ténacité du milieu.

Par conséquent la rupture s'opère ou ne s'opère plus, selon que la résistance dont il s'agit est inférieure ou supérieure au ressort diamétral des gaz ou qu'on a :

$$T\pi(\lambda^2 - \rho^2) \qquad < p\pi\rho^2,$$
$$T\pi(\lambda^2 - \rho^2) \qquad > p\pi\rho^2,$$

inégalités qui, après qu'on a posé $\sqrt{1 + \dfrac{p}{T}} = \mu$, se réduisent à

$$\lambda \qquad < \mu \times \rho,$$
$$\lambda \qquad > \mu \times \rho.$$

CO (Fig. 3) représentant le rayon de compression ρ que l'on considère, soit pris $EO = OF$ égal au produit $\mu \times \rho = R'$; ce sera alors le rayon de la *limite* de rupture qui correspond au rayon ρ. Car les inégalités

$$\lambda \qquad < EO, \qquad ou < R',$$
$$\lambda \qquad > EO, \qquad ou > R',$$

montrent, en toute évidence, qu'il y aura rupture pour les couches concentriques à la sphère de compression, tant que leur rayon extérieur OE' est moindre que $OE = R'$, et non rupture lorsque leur rayon extérieur OE'' devient plus grand.

Enfin comme le rapport μ ou $\sqrt{1 + \dfrac{p}{T}}$ qui ne dépend que de p et T ou que de la résistance p du terrain à la pénétration (14) et de son coefficient T de ténacité, reste constant pour un même milieu, on tire cette conclusion que les rayons *conjugués* de rupture R' et de compression ρ, ou OE et OC gardent toujours le même rapport μ, soit pendant la durée, soit au terme de la formation des gaz de la charge et que ce rapport n'éprouve d'autre variation que celle qui résulte de la nature des milieux dans lesquels les fourneaux sont établis.

16. — Forme générale de l'entonnoir, après l'explosion d'un fourneau.

Jusqu'ici il n'a été question que de la circonstance d'une charge établie assez profondément au-dessous du sol pour que, pendant la combustion, il n'y ait ni perte, ni fuite de gaz au dehors. On a même ajouté, en commençant le paragraphe 15, que le rayon r de la sphère des gaz formés alors en totalité était le rayon *maximum* de compression, spécial à cette charge. Par une conséquence immédiate du principe de la proportionnalité de tout rayon de compression à son conjugué de rupture, le rayon de rupture R, qui correspond à la totalité de la charge, devrait être aussi le plus grand possible.

Le rayon final de rupture d'une charge quelconque mérite une attention toute particulière. Tant que son amplitude se trouve inférieure à la ligne de moindre résistance OH (Fig. 4) du terrain limité par le plan supérieur LM, il ne peut y avoir effet au dehors, au lieu que l'explosion est infaillible toutes les fois que ce rayon l'emporte sur la grandeur de cette plus courte distance.

Si rapide que soit la combustion, jamais elle ne

s'opère instantanément. Une fois le centre O des poudres mis en ignition, l'inflammation se communique d'une couche à sa voisine; à ces couches correspondent des sphères successives de gaz dont le ressort constant et égal à p caractérise autant de sphères de *compression,* et celles-ci n'éprouvent aucun déchet, tant que leurs rayons sont plus petits que $Oa = \dfrac{OH}{\mu} = \dfrac{h}{\mu}$, ou tant que les rayons conjugués de rupture sont moindres que OH ou h.

Cet effet, qui se borne à une simple compression intestine des terres sans aucun dégagement de gaz à l'extérieur, appartient à une *première période* de temps qui dure jusqu'à l'instant où le rayon de compression Oa est devenu égal à $\dfrac{h}{\mu}$ et celui de rupture à h.

A partir de ce dernier instant, la charge qui continue à brûler, fournit une nouvelle sphère de compression de rayon Oa_1 et avec celle-ci, une sphère conjuguée de rupture, de rayon $Ob_1 = \mu \times Oa_1$, dont la surface embrasse *intérieurement* tous les points du milieu solide qui sont en prise à l'action des gaz de la sphère de compression Oa_1 et laisse au dehors tous les points du même milieu qui échappent à cette action; et, comme elle coupe le plan supérieur LM du terrain, selon un cercle de rayon Hb_1, il n'y a alors que les terres du *tronc-conique* à section méridienne Haa_1b_1, qui soient susceptibles de s'ouvrir et de livrer passage à des gaz. De même une troisième sphère de compression Oa_2 viendra étendre son effet jusqu'à la limite conique marquée par le rayon de rupture conjugué $Ob_2 = \mu \times Oa_2$. En un mot les choses progresseront de cette façon, jusqu'à ce que la charge ait brûlé en totalité ou qu'elle ait acquis son dernier rayon de compression $Oa_n = r$ et son dernier rayon de rupture $OB = R = \mu \times r$.

Ici, c'est-à-dire dans le cas d'explosion, une partie des gaz s'étant échappée avant que les rayons de compression et de rupture aient atteint respectivement leurs grandeurs finales r et R, celles-ci seront toujours inférieures à leur maximum qui ne se manifeste que quand l'explosion ne doit pas suivre la combustion.

Quoi qu'il en soit, on reconnait comment se fixe la *seconde période;* c'est celle où il y aura eu, à la fois, compression intérieure des terres comme dans *la première* et, en plus, fuite de gaz à l'extérieur; elle aura d'ailleurs duré depuis l'instant où le rayon de compression était égal à $\dfrac{h}{\mu}$ jusqu'à celui où il est devenu

invariablement égal à $\dfrac{R}{\mu}$.

Veut-on la *troisième période?* C'est celle où les gaz, restés dans la dernière sphère de compression Oa_n, sont mis à nu et tendent à se dilater de la tension p à la tension atmosphérique.

Pendant ce changement extrême d'état, les gaz se trouvent maintenus, du côté de la région inférieure de l'entonnoir, contre le fond de la sphère de compression Oa_n et, vers la région supérieure, contre *les bords* de l'entonnoir, *invariables* comme leur distance au centre des poudres ou comme le rayon $OB = R$ de la sphère finale de rupture. Alors l'espace, livré à l'écoulement de ces gaz, ne peut plus s'agrandir que dans les limites d'un cône renversé AEFB dont les génératrices forcément arc-boutées à la circonférence AHB de l'ouverture de l'entonnoir, ont seulement la faculté de céder à la force expansive des gaz, jusqu'à ce qu'elles soient tangentes à la sphère finale de compression EGF.

Ainsi se justifie la forme de l'entonnoir, telle qu'elle a été indiquée (12) dans nos définitions et qui concorde, en tous points, avec l'opinion du célèbre Bélidor : « Que l'entonnoir est un cône renversé dont la pointe, » placée au-dessous du centre des poudres, est très- » arrondie. »

17. — Détermination géométrique du rapport entre les rayons conjugués de rupture et de compression, en terrain quelconque.

La géométrie nous offre le moyen de trouver encore le rapport constant μ qui lie (15) les rayons conjugués de compression et de rupture de toutes les charges imaginables devant faire explosion dans un milieu de même nature : c'est en se servant des rapports n et n' du rayon supérieur et du rayon inférieur de l'entonnoir d'une charge quelconque, comparés à la ligne de moindre résistance.

En effet, conservant toutes les dénominations déjà convenues (12 et 15) et si nous construisons un entonnoir ayant, pour ligne de moindre résistance, la ligne OH $= h$ (Fig. 5) et pour rayons l'un supérieur, l'autre inférieur, les grandeurs BH et OD (cette dernière mesurée à la hauteur du centre O des poudres et parallèlement à la surface LM du terrain), nous aurons :

$$BH = nh ; \quad OD = n'h ; \quad OB = R = h\sqrt{1 + n^2} ;$$

enfin

$$OF = r = \frac{R}{\mu} = \frac{h\sqrt{1 + n^2}}{\mu}.$$

Par le point de contact F de la génératrice conique BD sur le grand cercle final de compression de la charge, et par l'extrémité D du rayon inférieur OD de l'entonnoir, menons les droites FF' et DD', toutes deux parallèles à la ligne de moindre résistance OH. On aura :

$$BD' = (n - n')h ; \quad DD' = OH = h,$$

et, par suite de la similitude des triangles BDD' et OFF',

$$\frac{FF'}{OF'} = \frac{BD'}{DD'} = n - n'.$$

Or, le triangle OFF' rectangle donne :

$$OF = \sqrt{\overline{OF'}^2 + \overline{FF'}^2} = OF'\sqrt{1 + \frac{\overline{FF'}^2}{\overline{OF'}^2}}$$

$$= OF'\sqrt{1 + (n - n')^2}.$$

Enfin, à cause de OF moyen proportionnel entre

OF' et $OD = n'h$, on a encore :

$$\overline{OF}^2 = OF' \times n'h.$$

Divisant cette dernière égalité par celle qui la précède, on trouve :

$$OF = \frac{n'h}{\sqrt{1 + (n - n')^2}},$$

et si l'on remplace le rayon de compression OF par $r = \dfrac{R}{\mu} = \dfrac{h}{\mu}\sqrt{1 + n^2}$, on arrive à cette relation finale :

$$\mu = \frac{\sqrt{1 + n^2} \times \sqrt{1 + (n - n')^2}}{n'}.$$

C'est un fait d'observation reconnu de tous les mineurs que, dans *les terres dites ordinaires*, lorsque le rayon supérieur HB d'un entonnoir se trouve égal à la ligne de moindre résistance OH, le rayon inférieur OD en est juste la moitié. Substituant, dans la valeur générale de μ qu'on vient d'obtenir, à n et à n' ces valeurs expérimentales 1 et $\dfrac{1}{2}$, on trouve

$$\mu = \sqrt{10} = 3,162$$

pour le rapport constant des rayons conjugués de rupture et de compression relatifs à tous les fourneaux, quels qu'ils soient, dans les terres ordinaires.

18. — Construction graphique du profil des entonnoirs dans les terres dites ordinaires.

Fixé maintenant sur le chiffre du rapport μ spécial aux terres dites ordinaires, on en peut déduire graphiquement l'ensemble immédiat des couples de rayons conjugués de compression et de rupture, pour les fourneaux de ce même milieu.

En effet, la droite OH (Fig. 6) représentant, en grandeur, une ligne de moindre résistance commune à toutes les espèces de fourneaux, partageons cette ligne, par un point a dont la distance aO au centre des poudres soit en rapport avec OH, comme l'unité à $\sqrt{10}$. Par ce point de division a, en même temps que par l'extrémité H, menons, perpendiculairement à cette ligne de moindre résistance, les deux parallèles indéfinies aN et HL dont la seconde n'est que le profil de la surface du terrain, dans le plan de la figure. Si, à partir de l'extrémité H, nous portons les grandeurs Hb_1, Hb_2... Hb_n..... des divers rayons supérieurs des entonnoirs dus aux charges, et qu'au centre O, on réunisse les extrémités b_1, b_2, b_n...... de ces rayons, les obliques Ob_1, Ob_2, Ob_n...... donneront les mesures des rayons respectifs de rupture et ceux-ci auront, pour rayons de compression conjugués, les portions Oa_1, Oa_2 Oa_n.... interceptées sur ces obliques, par la droite aN parallèle à la droite supérieure LM ; car l'égalité des rapports $\dfrac{OH}{Oa} = \dfrac{Ob_1}{Oa_1} = \dfrac{Ob_2}{Oa_2} = \dfrac{Ob_n}{Oa_n} = \sqrt{10}$, imprime aux obliques supérieures et aux inférieures le véritable caractère de rayons conjugués.

Puisque la plus courte distance aO qui sépare, du centre O, la parallèle transversale aN, est plus petite que la ligne commune de moindre résistance OH, nécessairement, parmi les obliques inférieures qui croissent, en s'écartant de cette dernière direction et sans cesser de s'appuyer sur aN, on rencontrera un rayon de compression Oa_n qui sera de même grandeur que la ligne de moindre résistance OH $= h$ et qui aura pour conjugué le rayon de rupture Ob_n égal à $\overline{Oa_n}.\sqrt{10}$. On aura donc :

$$\overline{Ob_n}^2 = 10\overline{Oa_n}^2 = 10h^2,$$

et, attendu que Ob_n est l'hypothénuse du triangle rectangle OHb_n,

$$\overline{Ob_n}^2 = \overline{Hb_n}^2 + h^2.$$

D'où l'on tire :

$$\overline{Hb_n}^2 + h^2 = 10h^2$$

et par suite

$$Hb_n = 3 . h = 3 . OH;$$

ce qui veut dire qu'en terrain ordinaire, le rayon de compression de la charge d'un fourneau est *égal* à la ligne de moindre résistance, quand le rayon supérieur de l'entonnoir en devient *le triple*.

De là, toujours, pour les mêmes terres dont il s'agit, résulte la construction suivante d'un entonnoir quelconque dont on se donne (Fig. 7) la ligne de moindre résistance OH, le rayon supérieur BH = AH et par conséquent aussi le rayon de rupture BO.

Sur le rayon BH suffisamment prolongé, prenez $Hb_n = 3.OH$, joignez l'oblique Ob_n et décrivez, du point O comme centre et d'un rayon égal à la ligne de moindre résistance OH, un arc de cercle jusqu'à sa rencontre, en a_n, avec cette oblique. Par ce dernier point a_n, menez, à la direction HB, une parallèle $a_n a$ qui coupant, en a_1, le rayon de rupture OB, va déterminer son conjugué de compression. Enfin, ayant tracé la circonférence de compression de rayon Oa_1, on tire les tangentes BE et AF, à cette circonférence, passant chacune par les bords supérieurs A et B de l'entonnoir, et la figure BEGFA constituera le profil de l'entonnoir cherché.

Une remarque commune à tous les entonnoirs trouve ici sa place : c'est que la distance GO de leur fond G au centre des poudres est la même que le rayon de compression.

Les mineurs ont nommé *globe de compression* le fourneau dont le rayon supérieur d'entonnoir, en terres ordinaires, est triple de la ligne de moindre résistance ; ils ont même avancé que ce triple était le maximum d'évasement auquel les fourneaux puissent atteindre. Gardons-nous d'attacher une idée aussi exclusive à la définition du globe de compression ; quoique la sphère de compression qui correspond à ce prétendu fourneau-limite, devienne tangente à la surface du terrain, c'est là une circonstance purement fortuite, qui n'empêche pas que les charges, en croissant sous la même ligne de moindre résistance, ne développent des entonnoirs de plus en plus considérables et rien n'indique que le tracé précédent du profil de ces entonnoirs, si grands qu'on en suppose les rayons supérieurs, ne réponde pas à tous les évasements.

Il est cependant une circonstance particulière qui met en défaut la méthode graphique : c'est celle du fourneau à *ciel ouvert*, ainsi désigné parce que le centre O (Fig. 8) des poudres se trouve au niveau de la surface LM du terrain et que la ligne de moindre résistance devient nulle. Ici encore, le rayon de rupture BO = OA est tout entier compris sur cette même surface et alors il faudra s'en donner la grandeur *à priori*. Voici comment se modifie l'opération :

Par le point B, extrémité du rayon de rupture BO, on élève à LM une perpendiculaire Bb_n *triple* de ce rayon ; l'oblique Ob_n, étant ensuite dirigée du point b_n au centre O, va rencontrer la circonférence de rupture BbA en un point b que l'on projette en a, sur la droite LM. A cause de l'égalité évidente $\dfrac{Ob_n}{Ob} = \dfrac{BO}{Oa} = \sqrt{10}$, l'*abcisse* Oa est précisément le rayon de compression conjugué du rayon donné de rupture BO ; puis, à l'aide des tangentes BE, AF à la circonférence de compression ainsi obtenue, on trace le profil de l'entonnoir qui correspond à la charge du fourneau à ciel ouvert et dont ce même rayon Oa détermine ici la profondeur totale.

19. — Nomenclature des fourneaux d'après les formes de leur entonnoir.

Selon leurs quantités respectives de poudre, les fourneaux de même ligne de moindre résistance, produisent donc des entonnoirs dont le rayon supérieur varie depuis zéro jusqu'à une grandeur indéfinie.

Quand le rayon supérieur est nul ou que l'on a $n = 0$, le fourneau (12) prend le nom de camouflet; d'après la valeur de $\mu = \sqrt{10}$ qui convient aux terres ordinaires et qui généralement (17) se présente sous la forme

$$\mu = \frac{\sqrt{1 + n^2} \times \sqrt{1 + (n - n')^2}}{n'},$$

on trouve $\frac{1}{3}$ pour la valeur de n' correspondant à $n'' = 0$; autrement dit, le rayon de la base inférieure de l'entonnoir, à même profondeur que le centre des poudres, est le tiers de la ligne de moindre résistance. L'entonnoir du *camouflet* consiste donc dans un cône droit et *non renversé* ayant son sommet à la surface du terrain et dont les génératrices convergentes de *bas en haut* sont inclinées au tiers. Un tel entonnoir n'est jamais apparent à l'extérieur.

Dès que le rayon supérieur commence à s'agrandir, par suite d'une augmentation dans la charge, ou que n est plus grand que zéro, le fourneau est alors *sous-chargé;* mais l'entonnoir demeure encore invisible au dehors, tant que les génératrices de son enveloppe restent convergentes de bas en haut.

Si ce même rayon vient à croître de nouveau et toujours par une augmentation de charge, les génératrices deviennent bientôt divergentes de bas en haut et finissent par donner lieu à un évasement supérieur, qui est visible à la surface du terrain.

Parmi les premières charges croissantes, il en existe une pour laquelle les génératrices de l'entonnoir ne sont ni convergentes ni divergentes ou prennent une direction parallèle à celle de la ligne de moindre résistance. En cette circonstance, l'entonnoir devient une surface cylindrique qui donne lieu à $n = n'$. Faisant cette hypothèse dans la valeur précédente de y toujours égale à $\sqrt{10}$, on trouve $n = \dfrac{1}{3}$. C'est donc, à partir de $n = \dfrac{1}{3}$ ou quand le rayon supérieur s'élève au moins au tiers de la ligne de moindre résistance, qu'on peut compter sur un entonnoir apparent du fourneau sous-chargé.

Quoi qu'il en soit (12), les fourneaux sous-chargés s'étendent depuis le camouflet, lequel ne fait pas partie de leur classe, jusqu'au *fourneau ordinaire* et leur rayon supérieur d'entonnoir ne dépasse pas en grandeur la ligne de moindre résistance.

Le point de départ, ou le plus bas de l'échelle des *fourneaux surchargés*, est le fourneau ordinaire et leur rayon d'entonnoir, plus grand que la ligne de moindre résistance, n'en dépasse pas le triple.

Enfin on donnera le nom de *globe de compression* aux fourneaux surchargés capables d'un rayon d'entonnoir égal au triple de la ligne de moindre résistance.

Camouflet, fourneau sous-chargé, fourneau ordinaire, fourneau surchargé, globe de compression, fourneau à ciel ouvert, tels sont les fourneaux dont on se propose de comprendre toutes les charges dans une seule et même formule algébrique, quoique cette marche soit contraire à celle qu'on a suivie jusqu'ici.

CHAPITRE IV.

THÉORIE DU CALCUL DES CHARGES DE MINES.

20. — Volume total des gaz produits par une charge destinée à faire explosion.

Notre œuvre ne touche pas à sa fin, et déjà elle va porter ses fruits. Les éléments premiers sont prêts, pour être combinés, selon l'action qu'on attend des fourneaux de mines et rien n'empêche que, dans ce chapitre, on n'expose les principes généraux du calcul des charges, sauf à les adapter plus tard aux circonstances les plus usuelles.

Nous supposerons dans un milieu quelconque et sous une ligne de moindre résistance OH (Fig. 9), une charge ayant, pour condition première, celle de produire un entonnoir dont le rayon final de rupture BO, hypothénuse du profil *primitif* BOH, soit égal à R et dont, par conséquent, le rayon final de compression O*b* conjugué à OB, soit aussi $\dfrac{R}{2}$.

μ est le rapport particulier au milieu solide dans lequel la charge est censée agir.

Et d'abord, rappelons-nous que, pendant la première période de la combustion (16), les gaz émanés de la charge ne se développent qu'intérieurement, sans aucune perte ou fuite au dehors, selon une sphère de compression dont la surface ne dépasse pas un rayon

$$Oa = \frac{h}{\mu}.$$

Une fois cette limite atteinte, commence la seconde période qui se continue jusqu'à ce que le rayon de compression soit devenu Ob ou $\frac{R}{\mu}$. La durée de la seconde période est ainsi précisée par l'intervalle de temps compris entre les instants qui correspondent à $Oa = \frac{h}{\mu}$ et à $Ob = \frac{R}{\mu}$. Mais on a ajouté qu'alors aussi, des fuites s'opèrent du centre O des poudres à la surface LM du terrain. C'est, par conséquent, d'après ce laps de temps écoulé, que s'évalue la perte des gaz qui ne contribuent plus à la compression intérieure des terres ou qui ne font plus partie de la sphère finale de compression $\frac{R}{\mu}$.

On a dit encore qu'à partir de l'instant où la sphère de compression prend un rayon supérieur à Oa ou à $\frac{h}{\mu}$, la sphère de rupture conjuguée viendrait couper le plan supérieur LM du terrain et favoriser le dégagement des gaz autour de la ligne OH. Les angles de passage, tels que aOx, doivent évidemment croître avec les rayons des sphères successives de compres-

sion, sans que les rayons variables et conjugués Ox
et OX de compression et de rupture cessent de con-
server entre eux le rapport constant μ.

Pour réduire à sa plus simple considération la dé-
pense due à la fuite des gaz pendant un temps fini,
il faut remarquer que les orifices de sortie correspondant aux sphères successives de compression qui
naissent à partir de la seconde période, sont tous si-
tués sur le même plan ab parallèle au sol LM et passant
par l'extrémité a du rayon initial Oa; qu'un rayon
quelconque ax ou x de ces orifices est lié au rayon ρ de
la sphère de compression correspondante, par cette
relation

$$x^2 + \frac{h^2}{\mu^2} = \rho^2,$$

d'où

$$x\,dx = \rho\,d\rho;$$

que ce rayon x donne lieu à une aire circulaire πx^2
ou $\pi \left(\rho^2 - \frac{h^2}{\mu^2} \right)$; que, pendant le temps infiniment
petit dt, l'aire s'augmente d'une nouvelle aire annu-
laire $2\pi\rho\,d\rho$; qu'enfin l'accroissement moyen a pour
valeur $\pi\rho\,d\rho$ et doit, à lui seul, débiter, dans ce temps
élémentaire, un volume de gaz représenté par le pro-
duit $\pi\rho\,d\rho\,w\,dt$, w étant la vitesse perpendiculaire au
plan commun ab des orifices, avec laquelle le gaz traverse l'aire annulaire $\pi\rho\,d\rho$.

Or, si on appelle v la vitesse centrale avec laquelle les gaz sont projetés hors de leur sphère variable de compression ayant ρ pour rayon, il est évident qu'une composante, telle que w, particulière à l'aire annulaire xx' ou à $\pi\rho d\rho$ est égale à

$$v \cdot \frac{Oa}{Ox} = \frac{vh}{\mu\rho}.$$

Quoique cette vitesse absolue v doive rester constante sur tous les points de la surface sphérique ρ, elle n'en est pas moins proportionnelle au *degré de rapidité* avec lequel la sphère s'accroît, degré qui, en raison directe de l'augmentation $d\rho$ et inverse de l'accroissement dt du temps, sera convenablement exprimé par le rapport $\dfrac{d\rho}{dt}$.

Donc on aura :

$$v = \varepsilon \frac{d\rho}{dt},$$

ε étant un certain coefficient numérique,

$$w = \varepsilon \frac{d\rho}{dt} \frac{h}{\mu\rho},$$

et

$$\pi\rho d\rho w dt = \pi\varepsilon \frac{h}{\mu} d\rho^2.$$

Cette expression élémentaire renfermant le facteur

$d\rho^2$, c'est une différentielle du second ordre qu'on désignera par d^2z, si on appelle z le volume des gaz écoulés depuis le commencement de la seconde période jusqu'à un temps quelconque t et l'on aura :

$$d^2z = \frac{\pi\varepsilon h}{\mu}d\rho^2,$$

dont l'intégrale, comme il va être dit, sera définie entre les limites extrêmes $\rho = \dfrac{h}{\mu}$ et $\rho = \dfrac{R}{\mu}$.

Afin de simplifier l'intégration de l'équation précédente, on y posera $\dfrac{dz}{d\rho} = \omega$ ou $d^2z = d\omega d\rho$ et cette substitution la transforme immédiatement dans l'équation différentielle du premier ordre

$$d\omega = \frac{\pi\varepsilon h}{\mu}d\rho$$

ayant pour intégrale :

$$\omega = \frac{\pi\varepsilon h}{\mu}\rho + C.$$

On se débarrasse de la constante arbitraire C, en observant qu'au point a d'origine de la fuite des gaz il n'y a pas déperdition au dehors ou que cette déperdition ne s'opère pas, tant que Oa est plus petit (15) que $\dfrac{h}{\mu}$ ou même égal à cette première limite. Il y a plus : c'est que dz ou la différentielle restera encore nulle, après un premier accroissement infiniment petit $d\rho$ du rayon $Oa = \dfrac{h}{\mu}$ ou que l'on aura $\dfrac{dz}{d\rho}$ ou $\omega = 0$, pour $\rho = \dfrac{h}{\mu}$, et par suite, la relation générale, mais sans constante arbitraire,

$$\omega = \frac{dz}{d\rho} = \frac{\pi \varepsilon h}{\mu}\left[\rho - \frac{h}{\mu}\right].$$

Si l'on intègre de nouveau depuis $\rho = \dfrac{h}{\mu}$ pour $z = 0$ jusqu'à $\rho = \dfrac{R}{\mu}$ pour $z = z'$, on connaitra la déperdition totale z', pendant la seconde période de la combustion, exprimée après les réductions convenables par

$$z' = \frac{\pi \varepsilon R^3}{2\mu^3} \cdot \frac{h}{R}\left[1 - \frac{h}{R}\right]^2.$$

Il est encore possible de simplifier cette expression, au moyen du cosinus de l'angle θ de demi-ouverture; car on a $\cos \theta = \dfrac{h}{R}$ et par conséquent

$$z' = \frac{\pi \varepsilon R^3}{2\mu^3} \cos \theta (1 - \cos \theta)^2.$$

Mais ce n'est pas seulement à la fuite des gaz, pendant la seconde période, que doivent se borner ces recherches. Il importe d'apprécier la totalité Z de tous

reux que la charge produit pendant les deux périodes
à la fois ; l'on y parviendra, par l'addition, à z', du
volume $\dfrac{4\pi}{3} \cdot \dfrac{R^3}{\mu^3}$ qui, au terme de la combustion. constitue la sphère finale de compression et qui, au moment
où celle-ci atteint le rayon $\dfrac{R}{\mu}$, n'a pas encore opéré
l'explosion, c'est-à-dire l'acte de la troisième période
du phénomène général. On aura donc

$$Z = \frac{4\pi}{3} \cdot \frac{R^3}{\mu^3} + z' = R^3 \left[\frac{4}{3} \frac{\pi}{\mu^3} + \frac{\pi\varepsilon}{2\mu^3} \cos \vartheta (1 - \cos \vartheta)^2 \right].$$

21. — Charge correspondant à un fourneau donné.

Nous connaissons maintenant, comme au N° 14, le
volume total Z des gaz qui naissent d'une charge destinée à faire explosion, ainsi que le volume $\dfrac{C}{D}$ de cette
charge, D étant la densité de la poudre. On peut donc
encore traduire, en langage algébrique, cette conséquence du principe de Mariotte, que ces deux volumes sont en raison inverse des tensions, savoir: de p
égale et contraire à la résistance du terrain, et de P
cette autre tension déjà nommée (13) force absolue
de la poudre. Ainsi s'explique l'égalité

$$\frac{C}{D} P = Z p,$$

de laquelle, après qu'on a remplacé Z par la valeur

qui termine le numéro précédent (20), on déduit :

$$C = R^3 \left[\frac{4}{3} \frac{\pi D p}{\mu^3 P} + \frac{\pi \varepsilon D p}{2\mu^3 P} \cos \theta (1 - \cos \theta)^2 \right],$$

ou une relation dont les éléments D, P sont particuliers à la qualité de la poudre, tandis que les éléments p, μ le sont à la nature du milieu où jouent les fourneaux et que les deux autres π, ε demeurent invariables en toutes circonstances.

D'après cette considération, il est permis de remplacer les termes $\dfrac{4}{3} \dfrac{\pi D p}{\mu^3 P}$ et $\dfrac{\pi \varepsilon D p}{2\mu^3 P}$ par des coefficients L et N qu'on laissera d'abord indéterminés, sauf à en fixer plus tard les valeurs numériques.

L'expression générale d'une charge de mine, en fonction du rayon de rupture et de l'angle de demi-ouverture, prend cette forme très-simple

$$C = R^3 [L + N \cos \theta (1 - \cos \theta)^2],$$

et ce qu'il y a d'avantageux, c'est qu'elle se prête à toutes les charges imaginables quels que soient θ et R. Mais cette même expression fait naître une remarque des plus curieuses qu'on ne saurait omettre.

En effet, si on y pose $\cos \theta = x$ et que regardant le rayon final de rupture R comme constant, on différentie deux fois de suite, par rapport à x, cette valeur de la charge C, on trouve :

$$C = R^3 [L + N(x - 2x^2 + x^3)],$$

$$\frac{dC}{dx} = R^3 N(x - 1)(3x - 1),$$

$$\frac{d^2C}{dx^2} = R^3 N(6x - 4).$$

La valeur de $\frac{dC}{dx}$ devenant nulle pour $x = 1$ et pour $x = \frac{1}{3}$ et celle de $\frac{d^2C}{dx^2}$ étant rendue positive en vertu de $x = 1$ et négative en vertu de $x = \frac{1}{3}$, évidemment, à égalité de rayon de rupture, il y a minimum de charge pour $\theta = 0$, et maximum pour $\cos\theta = \frac{1}{3}$ ou pour $\mathrm{tang}\,\theta = \sqrt{8} = 3$ (à 0,20 près).

D'après cette dernière conclusion, il semblerait que le maximum des charges ne pût jamais dépasser la charge du globe de compression ; ce qui serait en contradiction manifeste avec le N° 18, où il est dit que l'évasement d'un entonnoir n'a pas d'autre limite que celle des charges dont on puisse disposer.

Au reste cette contradiction n'est qu'apparente ; car le maximum des charges n'est vrai qu'à l'égard des fourneaux qui auraient même rayon de rupture, et il cesse au contraire d'exister pour les entonnoirs qui possèdent (18) une même ligne de moindre résistance ; et comme, au lieu de recourir au rayon de rupture, les mineurs pour calculer leurs charges font usage de la ligne de moindre résistance, on suivra désormais leur exemple en remplaçant dans l'expression

$$C = R^3[L + N \cos\theta(1 - \cos\theta)^2],$$

$\cos \theta$ par $\dfrac{1}{\sqrt{1+n^2}}$ et R par $h\sqrt{1+n^2}$. Telle sera notre formule définitive :

$$C = h^3[L(1+n^2)\sqrt{1+n^2} + N(\sqrt{1+n^2}-1)^2].$$

Ici n est le rapport qui existe entre le rayon supérieur et la ligne de moindre résistance ; c'est encore, si on veut, la mesure de l'évasement de l'entonnoir.

22. — Cas particuliers.

Si dans la nouvelle formule, on fait $n=0$ et par suite $h=R$, on tombe dans le cas du camouflet (19) et la formule de sa charge devient

$$C = Lh^3.$$

S'il s'agit d'un fourneau à ciel ouvert dont le centre des poudres est situé sur la surface même du terrain, on devra poser simultanément $h=0$ et $n=\infty$ dans la formule qui donne alors

$$C = \frac{0}{0}.$$

Ce symbole d'intermination cesse, en faisant $\cos\theta = \cos 90° = 0$, dans la relation qui a été obtenue d'abord

$$C = R^3[L + N\cos\theta(1-\cos\theta)^2],$$

et chose digne de remarque, la charge de ce fourneau

acquiert une certaine analogie avec celle du camouflet. En un mot la charge du fourneau à ciel ouvert prend cette expression

$$C = LR^3,$$

et alors R n'est plus que le rayon supérieur de l'entonnoir. Quant à la profondeur de ce dernier, il a été dit (18) qu'elle était égale au rayon de compression $r = \dfrac{R}{\mu}$.

Les attaques à la Gillot, destinées à crever rapidement les galeries de contremines, consistent en charges de poudre déposées très-près de la surface supérieure du sol, au fond d'un puits *à la Boule*, sans bourrage et n'ayant guères qu'un à deux mètres de profondeur.

Essayées avec quelque succès à Metz, il y a une trentaine d'années, par le 3ᵉ régiment du génie, ces attaques ont donné une idée de leur puissance contre les galeries souterraines et ce sont elles, sans doute, qui avaient inspiré feu M. le lieutenant-colonel du génie Savart, dans ses études sur les effets de la poudre brûlant à l'air libre. Il est regrettable que les résultats de ce savant et modeste ingénieur n'aient jamais été connus; ils nous eussent éclairé dans plusieurs applications de cette théorie.

23. — Entonnoirs semblables dans un même milieu.

Lorsque, dans un même terrain, des entonnoirs, d'ailleurs quelconques, conservent la même mesure du rapport ou de l'évasement n, ou lorsque les triangles rectangles de leur profil deviennent semblables, l'expression

$$\frac{C}{h^3} = L(1 + n)^2 \sqrt{1 + n^2} + N(\sqrt{1 + n^2} - 1)^3$$

est alors constante, et, comme les côtés R et h sont proportionnels entre eux, on reconnaît, dans tout son jour, ce principe admis par les mineurs : que les charges d'entonnoirs semblables, à produire sur un même milieu, sont en *raison directe des cubes*, soit des lignes de moindre résistance, soit des rayons de rupture, soit encore des rayons supérieurs.

CHAPITRE V.

CALCUL DES CHARGES DANS LA TERRE ORDINAIRE.

24. — Expériences sur les fourneaux en terre dite ordinaire.

On s'accorde à qualifier d'*ordinaire* la terre mêlée de sable et de gravier, dont la pesanteur spécifique. rapportée au poids de l'eau pris pour unité, est moyennement 1,86.

On dit encore que ce genre de terre exige 12 livres de poudre, par toise cube, et Cormontaingne en donne un autre caractère distinctif, d'après sa règle approximative des charges du fourneau ordinaire qui les estime à raison de 173 livres de poudre, par 12 pieds de ligne de moindre résistance, et qui consiste à former le cube de cette ligne en *pieds*, à supprimer le chiffre extrême du produit vers la droite, pour obtenir la charge en *livres*.

Les entonnoirs semblables (23), dans une même terre ont cela de particulier que le rapport $\frac{C}{h^3}$ devient constant à leur égard et qu'il ne dépend plus que de leur évasement n.

L'expérience offre le moyen de trouver, en terrain ordinaire, les chiffres numériques que prend $\dfrac{C}{h^3}$, selon les diverses valeurs attribuées à n.

Il n'y a nulle difficulté à ces déterminations, tant que les charges et les lignes de moindre résistance sont, comme l'a supposé jusqu'ici le rapport $\dfrac{C}{h^3}$, exprimées en kilogrammes et en mètres.

Mais lorsqu'elles le sont en nombres C_l et h_p de livres et de pieds, on doit au préalable et conformément à la conversion des nouvelles mesures en anciennes, remplacer C par $0^k,4896\,C_l$, h^3 par $0^{m \cdot c},03428\,h^3_p$ ou poser

$$\frac{C}{h^3} = \frac{C_l \times 0^{kil},4896}{h^3_p \times 0^{mc},03428} = 14,28\,\frac{C_l}{h^3_p}.$$

M. le général Audoy, à la page 246 de son mémoire intitulé : *Note sur les diverses formules proposées pour déterminer les charges des fourneaux de mines* (Mémorial de l'officier du génie, N° 7), s'exprime en ces termes :

« On croit savoir, par exemple, que dans un terrain
» exigeant 12 livres de poudre par toise cube, une
» charge de 3660 livres a produit un entonnoir d'un
» rayon égal à 36 pieds, sous une ligne de moindre
» résistance de 12 pieds. On a donc pour ce cas $n = 3$,
» et comme la charge du fourneau *ordinaire* est de
» 176 livres, il s'en suit........ »

Les terres dont parle cet officier général et qu'il spécifie, par 12 livres de poudre à raison d'une toise cube, sont bien les terres dites ordinaires.

Ainsi, en terre ordinaire, avec une ligne de moindre résistance de 12 pieds, il faut des charges de 176 livres et de 3 660 livres, selon que le rayon supérieur de l'entonnoir est égal à une fois ou à trois fois la ligne de moindre résistance ou selon qu'on a $n = 1$, $n = 3$.

D'un autre côté, l'expérience montre qu'une charge ou celle du camouflet, qui n'ouvre pas d'entonnoir sous une certaine ligne de moindre résistance, ouvre au contraire l'entonnoir du *fourneau ordinaire,* quand on réduit cette ligne de moindre résistance à ses $\frac{4}{7}$.

Un fait aussi capital méritait, ce semble, qu'il fût appuyé sur des épreuves mentionnant *textuellement* les charges et les lignes de moindre résistance sous lesquelles les fourneaux étaient restés à l'état de ce qu'on entend par camouflet. Le doute n'eût plus alors été permis à l'égard de ce rapport si décisif $\frac{4}{7}$ qu'on dit exister entre les lignes de moindre résistance du camouflet et du fourneau ordinaire mis en jeu avec des charges égales de part et d'autre.

Quoi qu'il en soit, de ces trois faits touchant le fourneau ordinaire, le globe de compression et le camouflet, lesquels correspondent aux évasements $n = 1$, $n = 3$, $n = 0$, on peut conclure les valeurs numériques, en terre ordinaire, du rapport $\frac{C}{h^3}$, en usant d'ailleurs de la transformation

$$\frac{C}{h^3} = 14,28\,\frac{C_l}{h_p^3}.$$

Pour le fourneau ordinaire qui correspond à $n = 1$, on fera $C_l = 176$ livres, $h_p = 12$ pieds et nous aurons

$$\frac{C}{h^3} = 14,28 \cdot \frac{176^l}{(12^p)^3} = 1,45,$$

chiffre que, sans erreur sensible, on élève à 1,50, ainsi que cela se pratique dans les écoles régimentaires du génie.

Le globe de compression où l'on a $n = 3$, $C_l = 3660$ livres, $h_p = 12$ pieds, donne au rapport $\dfrac{C}{h^3}$ cette expression

$$\frac{C}{h^3} = 14,28 \cdot \frac{3660^l}{(12^p)^3} = 30,25.$$

Enfin puisqu'une même charge doit produire soit un camouflet, soit un fourneau ordinaire, ayant, le premier, h en ligne de moindre résistance, et l'autre, seulement $\frac{4}{7}\,h$, nommant x le rapport $\dfrac{C}{h^3}$ relatif au camouflet, on devra poser à la fois

$$C = x \cdot h^3,$$

$$C = 1,50\left(\frac{4}{7}\right)^3 h^3,$$

et l'on aura

$$x = 1,50\left(\frac{4}{7}\right)^3 = 0,280,$$

ou pour le camouflet qui correspond à $n = 0$,

$$\frac{C}{h^3} = 0,280.$$

En définitive on doit, à bon droit, reconnaître comme notoires et certains les deux faits d'expérience

$$\frac{C}{h^3} = 1,50,$$

$$\frac{C}{h^3} = 30,25,$$

qui correspondent aux évasements $n = 1$, $n = 3$.

Mais, selon notre observation sur les épreuves du camouflet, dont les auteurs n'ont jusqu'ici présenté ni les lignes de moindre résistance ni les charges, le même degré de confiance ne saurait s'accorder au troisième résultat

$$\frac{C}{h^3} = 0,280.$$

25. — Formule générale des charges en terre ordinaire.

Les fourneaux surchargés, depuis le fourneau ordinaire jusqu'au globe de compression qui jamais n'est dépassé en pratique, constituent l'arme principale du mineur dans la guerre souterraine, tandis que les fourneaux sous-chargés, d'invention toute moderne, et dont M. Lebrun est le premier qui en ait discuté la théorie, semblent n'avoir joué encore qu'un rôle accessoire.

C'est donc entre les limites $n = 1$ et $n = 3$ que nous déterminerons les charges en terre ordinaire, nous réservant cependant d'examiner jusqu'à quel point la formule satisfera au camouflet, c'est-à-dire au plus bas fourneau sous-chargé.

Si dans l'expression

$$\frac{C}{h^3} = L(1 + n^2)\sqrt{1 + n^2} + N(\sqrt{1 + n^2} - 1)^2,$$

on fait $n = 1$, $\sqrt{1 + n^2} = \sqrt{2} = 1,414$, $(\sqrt{2} - 1)^2 = 0,171$ et $\frac{C}{h^3} = 1,50$, on arrive à cette première équation

$$1,50 = 2,828\,L + 0,171.N.$$

La seconde équation

$$30,25 = 31,623.L + 4,676.N$$

résulte de la même expression où l'on a substitué

$$n = 3, \ \sqrt{1 + n^2} = \sqrt{10} = 3{,}1623, \ (\sqrt{10} - 1)^2 = 4{,}676$$

et $\dfrac{C}{h^3} = 30{,}25$.

Ces deux équations obtenues pouvant encore être mises sous la forme

$$L = 0{,}530 - 0{,}060.N,$$
$$L = 0{,}957 - 0{,}148\,N,$$

on en tire $N = \dfrac{427}{88} = 4{,}85$, $L = 0{,}24$ et par suite

$$\frac{C}{h^3} = 0{,}24.\,(1 + n^2)\,\sqrt{1 + n^2} + 4{,}85\,(\sqrt{1 + n^2} - 1)^2\,;$$

telle est la formule que nous proposons d'adopter pour les charges des fourneaux en terre ordinaire.

En posant $n = 0$ dans cette expression numérique, on obtient :

$$C = 0{,}24\,h^3$$

pour la charge du camouflet et (22)

$$C = 0{,}24\,R^3$$

pour $n = \infty$, ou pour le fourneau à ciel ouvert.

Au reste on vérifiera, ou même on modifiera le coefficient 0,24, à l'égard du fourneau à ciel ouvert, en communiquant le feu à une caisse cubique de poudre enfoncée en terre à moitié de sa hauteur, et en divisant la charge par le cube du rayon de l'ouverture circulaire d'entonnoir qui se produit par l'explosion autour de la caisse.

26. — Comparaison des charges théoriques avec celles de l'expérience et des formules de Lebrun.

Autant on doit s'attendre à ce que les charges théoriques du fourneau ordinaire et du globe de compression coïncident avec leurs charges expérimentales, autant on pourrait, au premier abord, s'étonner que la théorie fit défaut à cette même coïncidence entre la charge théorique et la charge expérimentale du camouflet.

Qu'on se rassure sur la différence entre ces dernières, dont on est frappé à la vue des coefficients 0,24 et 0,28 ; elle n'est pas de nature à faire naître une conséquence qui soit de la moindre gravité.

Est-il bien certain qu'on soit arrivé *juste* (24) au rapport $\frac{4}{7}$, entre les lignes de moindre résistance, que le fourneau ordinaire et le camouflet acquièrent sous une même charge ?

C'est cependant de cet arrêt péremptoire que le camouflet tire sa charge soi-disant pratique : $0,28\,h^3$.

Qu'arriverait-il si, comme notre théorie l'indique, cette charge se réduisait à $0,24.\,h^3$? Nommons h'' la ligne de moindre résistance de l'entonnoir ordinaire produit par la charge théorique du camouflet et nous aurons l'égalité

$$0,24.\,h^3 = 1,50\,h''^3$$

ou

$$\frac{h}{h''} = 1{,}84$$

au lieu de

$$\frac{7}{4} \text{ ou } 1{,}75.$$

La différence $1{,}84 - 1{,}75$ ou $0{,}09$ n'étant que le $\frac{1}{19}$ environ du résultat $1{,}75$ qu'on attribue à l'expérience, il est bien possible qu'une aussi faible erreur ait échappé à l'observation au milieu du chaos de l'entonnoir *invisible* d'un camouflet, à moins qu'on ne persiste en faveur du rapport $\frac{7}{4}$ ou de son inverse $\frac{4}{7}$, sous le prétexte d'un accord qui n'est que spécieux, avec les formules populaires de M. Lebrun.

Malgré le succès de leur accueil, celles-ci ne s'en trouvent pas moins en opposition à la *loi de continuité*. On sait en effet que, séparant les fourneaux souschargés et les fourneaux surchargés, cet officier supérieur a établi, pour chacune des deux classes, des formules distinctes qui se traduisent en ces deux égalités :

$$\frac{C}{h^3} = 1{,}50\left[\frac{4 + 3n}{7}\right]^3, \text{ pour } n < 1$$

et

$$\frac{C}{h^3} = 1{,}50\,[0{,}09 + 0{,}91 \cdot n]^3, \text{ pour } n > 1,$$

à la suite desquelles nous rappellerons notre formule

ci-dessus :

$$\frac{C}{h^3} = 0{,}24(1 + n^2)\sqrt{1 + n^2} + 4{,}85(\sqrt{1 + n^3} - 1)^2,$$

afin de mettre en parallèle les charges données par la théorie, par Lebrun et par l'expérience. Voici ce tableau comparatif.

ÉVASEMENTS ou n.	RAPPORTS $\frac{C}{h^3}$ DONNÉS PAR		
	la théorie.	Lebrun.	l'expérience.
0, 00	0, 240	0, 280	»
0, 50	0, 403	0, 485	»
1, 00	1, 500	1, 500	1, 500
1, 50	4, 533	4, 668	»
2, 00	10, 092	10, 452	»
2, 50	18, 586	19, 968	»
3, 00	30, 250	33, 638	30, 250

De l'examen de ce tableau, on conclut :

1° Que les charges du fourneau ordinaire demeurent égales, soit qu'on ait recours à la théorie, à l'expérience ou aux règles de Lebrun ;

2° Que, pour les autres fourneaux tant sous-chargés que surchargés, les charges théoriques sont toujours inférieures à celles de Lebrun et que, parmi ces dernières, la charge du globe de compression surpasse notablement la charge expérimentale.

S'il y a triple coïncidence des charges du fourneau ordinaire, c'est que celui-ci, dans les formules de Lebrun, est comme *le trait d'union* entre les fourneaux sous-chargés et les fourneaux surchargés.

On a en quelque sorte expliqué, à propos du camouflet, pourquoi les charges théoriques doivent se montrer moindres que celles de Lebrun à l'égard des fourneaux sous-chargés.

Mais cette infériorité ne s'explique plus touchant les fourneaux surchargés; elle semble même se prononcer contre les formules de Lebrun, en raison de l'excès considérable qu'elles donnent à la charge du globe de compression, au-dessus de la charge expérimentale correspondante.

27. — Table des charges de mines, en terre ordinaire.

Avec la formule des charges de mines, en terrain ordinaire

$$C = h^3[0,24(1 + n^2)\sqrt{1 + n^2} + 4,85(\sqrt{1 + n^2} - 1)^2],$$

il y a toujours possibilité d'évaluer une charge quelconque C en kilogrammes, lorsque, de l'entonnoir qu'elle doit ouvrir, on connait le cube h^3 de la ligne de moindre résistance en mètres, ainsi que l'évasement n, c'est-à-dire le rapport du rayon supérieur avec cette ligne. Car la formule consiste dans le *produit* de deux *facteurs* dont l'un est h^3 et dont l'autre $\dfrac{C}{h^3}$ ou $0,24(1 + n^2)\sqrt{1 + n^2} + 4,85(\sqrt{1 + n^2} - 1)^2$ se calcule après la substitution numérique, à n, de l'évasement attendu.

Mais il importe de chercher à abréger cette opération arithmétique et l'on atteint *à peu près* ce but, en extrayant, du tableau comparatif qui précède (26), ce qui concerne uniquement les valeurs théoriques de $\frac{C}{h^3}$ et en usant de la méthode d'interpolation à l'égard des valeurs intermédiaires non inscrites. Or, la pratique de cette méthode exige que l'on connaisse l'accroissement variable A que prend chaque valeur déjà inscrite en passant à sa consécutive immédiatement supérieure.

On obtiendra, ainsi qu'il suit, une table de mines toute préparée à l'avance.

ÉVASEMENTS ou n.	FACTEURS de h^3 ou $\frac{C}{h^3}$.	ACCROISSEMENTS DE $\frac{C}{h^3}$ pour 0,50 d'augmentation donné à n, ou A.
0, 00	0, 240	0, 163
0, 50	0, 403	1, 097
1, 00	1, 500	3, 033
1, 50	4, 533	5, 559
2, 00	10, 092	8, 494
2, 50	18, 586	11, 664
3, 00	30, 250	»

28. — Usage et applications de la table précédente.

Il en est des trois éléments d'un entonnoir, sa ligne de moindre résistance h, son évasement n et la charge C, comme des trois côtés d'un triangle rectangle dont deux étant donnés, le troisième suit nécessairement.

La question des mines se subdivise donc en trois problèmes qui se résolvent, à l'aide de la table, ainsi qu'il suit :

Numéros d'ordre des problèmes.	Les deux éléments connus.	Le troisième élément inconnu.	SOLUTIONS.
1	n, h	C	A la valeur donnée de n, correspond, sur la table, un facteur $\frac{C}{h^3}$ qui étant multiplié par le cube connu de h^3 produit la charge C.
2	n, C	h	Ayant trouvé, comme précédemment, le facteur $\frac{C}{h^3}$ qui, dans la table, correspond à n, on divise la charge donnée C par ce facteur, et l'on extrait la racine cubique du quotient pour connaître h.
3	C, h	n	Connaissant C, h et par suite le facteur $\frac{C}{h^3}$, on cherche, dans la table, la valeur de n qui correspond à ce facteur.

Lorsque l'évasement n et le facteur $\dfrac{C}{h^3}$ n'ont que des valeurs *intermédiaires* et non comprises dans la table, elles ont alors la forme $n + \Delta n$ et $\dfrac{C}{h^3} + \Delta \dfrac{C}{h^3}$, Δn étant moindre que l'accroissement tabulaire 0,50 et $\Delta \dfrac{C}{h^3}$ étant plus petit que l'accroissement A en regard de la valeur approchée n. Les *suppléments* Δn et $\Delta \dfrac{C}{h^3}$ sont liés entre eux par la proportion :

$$\Delta n : \Delta \frac{C}{h^3} :: 0{,}50 : A ;$$

d'où l'on tire

$$\Delta \frac{C}{h^3} = 2A \, \Delta n$$

ou

$$\Delta n = \frac{\Delta \dfrac{C}{h^3}}{2A} ,$$

selon que $\Delta \dfrac{C}{h^3}$ ou Δn sont inconnus.

Quelques exemples choisis dans le fourneau sous-chargé, le fourneau surchargé et le globe de compression seront utiles, pour familiariser avec l'emploi de la méthode d'interpolation.

Fourneau sous-chargé. Trouver le rayon d'évasement d'un entonnoir, pour une charge de 23 kilogrammes et sous une ligne de moindre résistance de 3 mètres.

On trouve d'abord $\dfrac{C}{h^3} = \dfrac{23^k}{(3^m)^3} = 0,852$; les valeurs les plus approchées en dessous de ce facteur et de n qui se lisent sur la table, sont 0,403 et 0,50 ; d'où

$$\Delta \frac{C}{h^3} = 0,852 - 0,403 = 0,449 .$$

$$\Delta n = \frac{\Delta \dfrac{C}{h^3}}{2A} = \frac{0,449}{2 . 1,097} .$$

à cause de $A = 1,097$, ou

$$\Delta n = 0,205.$$

On aura donc :

$$n + \Delta n = 0,50 + 0,205 = 0,705$$

et pour rayon supérieur de l'entonnoir, le produit $3^m \times 0,705$ ou $2^m,12$.

Fourneau surchargé. On demande la ligne de moindre résistance de l'entonnoir ayant pour évasement le rapport $n = 1,75$ et dont la charge donnée est 460 kilogrammes.

D'après la table on a, pour premières valeurs approchées, $n = 1,50$, $\dfrac{C}{h^3} = 4,533$ et pour l'accroissement adjacent à ce facteur approché, $A = 5,559$.

On aura encore

$$\Delta n = 1,75 - 1,50 = 0,25,$$

$$\Delta \frac{C}{h^3} = 2 \Delta n . A = 0,50 . 5,559 = 2,780.$$

Le facteur réel deviendra

$$\frac{C}{h^3} + \Delta . \frac{C}{h^3} = 4,533 + 2,780 = 7,313$$

et par suite

$$h = \sqrt[3]{\frac{C}{7,313}} = \sqrt[3]{\frac{460^k}{7,313}} = 3^m,98.$$

Globe de compression. Quelle est la charge d'un globe de compression, sous trois mètres de ligne de moindre résistance ?

Pour l'évasement $n = 3$, on trouve, dans les tables, $\frac{C}{h^3} = 30,25$ et par conséquent on aura :

$$C = (3^m)^3 \times 30,25 = 816^k,75,.$$

CHAPITRE VI.

FORCE ABSOLUE DE LA POUDRE.

29. — Coup d'œil rétrospectif.

Une théorie qui n'a pas l'appui de l'expérience, n'est guère qu'une œuvre morte qui va se perdre dans le chaos des rêves de l'esprit humain. Peut-être jugera-t-on que la nôtre ne mérite pas ce reproche, pour peu qu'on jette un coup d'œil impartial sur la nature et l'enchaînement des résultats que la puissance de ses principes vient de mettre en lumière.

L'explication donnée (7) à la loi constante de la résistance des milieux solides, par unité de surface ; le rapport invariable (15) qui existe, pour un même milieu, entre les rayons conjugués de rupture et de compression des entonnoirs, et qu'on peut vérifier (17) d'après le rayon supérieur et le rayon inférieur comparés à la ligne de moindre résistance ; la coïncidence établie d'abord (25) entre les charges calculées et les charges observées, depuis le fourneau ordinaire jusqu'au globe de compression, et reconnue ensuite d'une manière satisfaisante (26) sur le camouflet : voilà déjà bien des preuves qui militent en faveur de nos formules.

Et cependant, parmi tant de preuves, il en est une dernière qui domine toutes les autres par son importance : c'est la solution qui surgit du sein de notre théorie et qui semble promettre réponse à une question depuis si longtemps en litige auprès des savants. On veut ici parler de la force absolue de la poudre ou de cette tension primitive que recevraient les gaz d'une charge, si, sous la température supposée constante de la combustion, ils étaient coercés dans le volume même que la charge occupe à son état solide.

Mais, avant d'aller plus loin, quelques mots sont nécessaires sur l'appareil dit *éprouvette*, destiné à mesurer la force relative des poudres en général.

30. — Mortier éprouvette.

L'éprouvette consiste dans un mortier du poids de 120 kilogrammes, coulé à semelle et à languette, pour tirer à 45°. Son projectile ou globe est en bronze, d'une forme exactement sphérique, ayant 19 centimètres de diamètre et il pèse 29^k,37.

Avec une charge de 0^k,092 de la poudre qu'on veut essayer, il faut que ce mobile parcourt une distance de 225 mètres si c'est de la poudre à canon qu'il s'agit de recevoir, et seulement de 180 mètres si c'est de la poudre de mine.

On donne au projectile une densité assez forte et une charge assez faible, afin que, dans son trajet, la résistance de l'air n'ait pas d'influence sensible.

Si on choisit l'angle de 45° pour celui du tir, c'est que les portées, autour de leur maximum d'amplitude qui correspond à cette inclinaison, ne font qu'osciller entre des limites très-restreintes.

Ces circonstances réunies rendent la trajectoire du globe de l'éprouvette comparable à une parabole dont la tangente initiale, à l'origine du mouvement que nous prendrons aussi pour origine des axes coordonnés, forme avec l'horizon un angle de 45°. Quant à la composante horizontale et à la composante verticale de la vitesse initiale V, elles seront, toutes deux, égales à $\dfrac{V}{\sqrt{2}}$.

Une position quelconque du mobile, au bout du temps t compté à partir de l'instant du départ, se trouve située sur l'angle aigu supérieur d'un triangle rectangle ayant pour hypoténuse la distance du mobile à son point de départ et, pour côtés de son angle droit, les deux chemins x et y décrits simultanément dans le sens horizontal et dans le sens vertical. Le premier, x, parcouru d'un mouvement uniforme, avec la vitesse $\dfrac{V}{\sqrt{2}}$, est exprimé par $\dfrac{Vt}{\sqrt{2}}$; le second, y, a pour mesure cette même longueur $\dfrac{Vt}{\sqrt{2}}$, mais diminuée de l'espace $\dfrac{g.t^2}{2}$ dû à la gravité qui agit de haut en bas; g représente la vitesse $9^m,809$ imprimée par cette force, au bout de la première seconde de chute.

On aura donc :

$$x = \frac{Vt}{\sqrt{2}},$$

$$y = \frac{Vt}{\sqrt{2}} - \frac{gt^2}{2},$$

et, après l'élimination de t entre ces deux relations, pour l'équation de la parabole

$$y = x - \frac{gx^2}{V^2},$$

de laquelle, en posant $y = 0$, on déduit pour la *portée* d du mobile,

$$d = \frac{V^2}{g}$$

ou

$$V = \sqrt{gd}.$$

La vitesse initiale est donc proportionnelle à la racine quarrée de la portée.

C'est un principe fondamental en mécanique, que deux forces successivement appliquées à une même masse, sont entre elles comme les vitesses initiales qu'elles lui impriment, chacune pour son compte. En tant que les deux charges de poudre de mine et de poudre à canon sont appliquées au globe de l'éprouvette, en quantités égales, les forces qu'elles développent doivent être respectivement proportionnelles à la force absolue P de la première espèce de poudre et à la force absolue de la poudre à canon que nous désignerons par X. Ces dernières seront donc entre elles comme les vitesses initiales ou comme les racines quarrées des portées 180 mètres et 225 mètres qui correspondent à ces vitesses. D'où l'on tire :

$$X = P\sqrt{\frac{225}{180}} = \sqrt{\frac{5}{4}} = 1,12 . P .$$

31. — Calcul de la force absolue de la poudre.

Les Officiers d'artillerie, a-t-on dit (13), admettent 29000 atmosphères, comme estimation de la force absolue de la poudre à canon. Ramené aujourd'hui, par de sages avis, à des résistances de milieux solides moins exagérées que celles qui avaient servi de base à notre premier travail examiné par le Comité des fortifications, nous sommes heureux que les calculs qui vont suivre nous conduisent à un résultat presque conforme à l'opinion de nos savants et consciencieux camarades de l'artillerie.

Au N° 21 du chapitre IV, à propos de la formule générale des charges

$$C = R^3[L + N\cos\theta(1 - \cos\delta)^2] ,$$

l a été posé

$$\frac{4\pi D p}{3 u^3 P} = L ;$$

de plus on a reconnu (25) que le coefficient L acquérait, à l'égard des terres dites ordinaires, la valeur numérique 0,24, de telle sorte qu'on aura cette relation

$$\frac{P}{p} = \frac{4\pi D}{3.\mu^3.0,24},$$

dans laquelle $\dfrac{P}{p}$ représente le rapport existant entre la force absolue de la poudre de mine et la résistance p des terres ordinaires, et où D, densité de cette même poudre, équivaut à 926 kilogrammes, d'après cette donnée du *Manuel pratique du mineur*, page 139, que « 200 kilogrammes de poudre occupent un cube de 60 » centimètres de côté. »

Quant à la valeur de $\mu = \dfrac{R}{r}$, il a été constaté (17) qu'elle était égale à $\sqrt{10}$; d'où $\mu^3 = 10^{\frac{3}{2}} = 31,623$.

Ces substitutions numériques étant faites ainsi que celle du rapport π de la circonférence au diamètre par le chiffre connu 3,1416, on obtient :

$$\frac{P}{p} = \frac{3,1416 \times 3704^k}{3 \times 31,623 \times 0,24},$$

qui se calcule de la manière suivante :

Log 3,1416 0,4971509
Log 3704. 3,5686740
Compl Log 3 9,5228787
Compl Log 31,623. . . . 8,4999969
Compl Log 0,24. 10,6197883
____
2,7084858 = Log 511,077

Par conséquent la force absolue P de la poudre de mine, comparée à la résistance p des terres ordinaires, se trouve être 511,077 fois cette dernière.

Il n'y a plus qu'un pas pour atteindre le chiffre de la force absolue de la poudre à canon, ou de la force désignée (30) par X et qui équivaut à 1,12.P.

En effet on a alors :

$$X = 1,12 \times 511,077 \times p,$$

expression dans laquelle, fin du N° 11, chapitre III, il ne reste plus qu'à écrire p égal à 48,40 atmosphères et qui donne lieu à ce nouveau calcul logarithmique :

```
Log 511,077... 2,7084858
Log 48,40..... 1,6848454
Log 1,12 ..... 0,0492180
               ─────────
               4,4425492 = Log 27704 atmosphères.
```

Ce résultat, corollaire direct de notre théorie, se rapproche notablement du maximum 29 000 atmosphères estimé par l'artillerie.

CHAPITRE VII.

APERÇUS SUR LE BOURRAGE.

32. — Règle adoptée pour le bourrage.

Ici devraient se borner nos recherches relatives aux fourneaux de mines, en terres ordinaires. Un mémoire *purement mathématique* ne saurait, en effet, aborder des détails pratiques qui concernent un service tout spécial du génie, comme la conduite des grandes et des demi-galeries souterraines, des grands et des petits rameaux, les dimensions, la pose, la construction de leurs châssis, les anciens ou les nouveaux modes de transmission du feu aux poudres, comme encore le bourrage des fourneaux.

Et pourtant il est impossible de ne pas effleurer, au moins, la dernière de ces questions, ne fût-ce que pour se rendre un compte consciencieux de la longueur qui se fixe, dans les écoles, au bourrage, non pas d'après la ligne de moindre résistance *effective* sous laquelle la charge est mise en action, mais bien d'après la ligne *fictive* sous laquelle cette même charge produirait un fourneau ordinaire.

Un fourneau est accompagné de galeries ou de rameaux qui permettent d'abord d'accéder à pied-d'œuvre et plus tard d'y transporter la charge de poudre.

Afin que l'action de cette charge, au lieu de se dissiper en pure perte au travers des rameaux laissés libres, s'exerce le plus possible dans le sens de la ligne de moindre résistance, il convient que, jusqu'à une certaine distance, hors de la *chambre* des poudres, on remplisse *hermétiquement* ces communications, soit avec de la terre, soit avec des gazons, ou avec des bois, des sacs à terre, etc.

En supposant que le milieu se compose de terres ordinaires, on commence par calculer la ligne de moindre résistance *fictive*, que nous nommerons h', de l'entonnoir ordinaire que développerait la charge donnée C, d'après la formule (24)

$$C = 1,50 \cdot h'^3 \quad \text{ou} \quad h' = \sqrt[3]{\frac{C}{1,50}} \, ;$$

puis on prend, pour longueur du bourrage, *le double* de la ligne fictive h' « mesuré depuis le fourneau jusqu'à l'extrémité du bourrage en ligne droite et abstraction faite des coudes » (*Manuel pratique du mineur,* page 76).

Le même ouvrage, page 77, ajoute que, si au lieu d'être exécuté en terre et en gazons, on fait le bourrage à la fois en terre et en bois, sa longueur sera réduite à *une fois et demie* la ligne de moindre résistance (toujours fictive).

D'après ces deux règles réunies, la longueur *moyenne* peut s'évaluer à $\dfrac{(3 + \frac{1}{2})}{2} h' = \dfrac{7}{4} h'$; cette valeur est aussi celle à laquelle le raisonnement va nous conduire.

33 — Motifs de la règle précédente.

Le bourrage qui remplit le vide de la galerie devant opposer aux poudres la même résistance que le terrain environnant, il faut que la longueur de ce bourrage soit précisément égale au maximum de rayon de rupture dont la charge soit susceptible.

On sait (16) que ce maximum de rayon de rupture se maintient constant depuis les plus grandes profondeurs du fourneau au-dessous du sol, jusqu'à celle où la charge passe à l'état de camouflet et qu'alors (24) la ligne de moindre résistance ou ligne de rupture du camouflet est à très-peu près les $\dfrac{7}{4}$ de la ligne de moindre résistance h' de l'entonnoir ordinaire que produirait cette même charge, si on rapprochait encore suffisamment le centre des poudres vers la surface du terrain.

Par conséquent la longueur du bourrage sera représentée par

$$\frac{7}{4} h'.$$

ou par cette autre expression en fonction de la charge C.

$$\frac{7}{4} \sqrt[3]{\frac{2}{5} C}.$$

De là cette règle précise sur la longueur du bourrage :

Extrayez la racine cubique des deux tiers de la charge à employer ; les sept quarts (ce qui revient à peu près au double) de cette racine donneront la longueur dont il s'agit.

Il est bien entendu qu'il n'est ici question que de fourneaux dans les terres dites ordinaires.

Exemple. Quelle est la longueur de bourrage nécessaire à la charge de 1830 kilogrammes ?

Les deux tiers de la charge sont 1220^k et l'on a, pour longueur cherchée, $\frac{7}{4} \sqrt[3]{1220} = \frac{7}{4} \times 10,69 = 18^m,71.$

D'après la remarque que cette charge de 1830^k appartient (24) à un globe de compression qui aurait 4 mètres, à très-peu de chose près, de ligne de moindre résistance, on reconnaît que la longueur du bourrage devient environ quatre fois deux tiers la longueur de cette dernière.

C'est à Bélidor qu'on doit d'avoir constaté qu'en même temps que l'entonnoir acquérait un rayon triple de la ligne de moindre résistance, le globe de compression avait crevé des galeries jusqu'à quatre fois cette même ligne ; ce qui prouve, avec le calcul précédent, que la ligne de rupture de ce fourneau surchargé n'est inférieure ici à la longueur de son bourrage que des deux tiers de la ligne de moindre résistance effective.

34. — Surfaces de commotion et de rupture.

Chose digne de l'attention du lecteur, la longueur

$\frac{7}{4}$ h' du bourrage se trouve en parfaite coïncidence avec *le rayon de commotion d'un fourneau*, tel que l'indique M. le général Audoy, page 260 de son mémoire précité (24):

,.......... « Dans le sens horizontal, la commotion
» produite par la mine est capable d'endommager
» une galerie jusqu'à *une fois trois quarts* la ligne de
» moindre résistance correspondante à la charge
» employée, considérée comme *charge de fourneau*
» *ordinaire.* »

Dans un fourneau, les mineurs distinguent sa surface de commotion et sa surface de rupture; l'une et l'autre leur paraissent être des ellipsoïdes de révolution autour de la verticale du centre des poudres, dont l'axe horizontal surpasse l'axe vertical. Si C représente toujours la charge donnée et h', la ligne de moindre résistance sous laquelle elle donnerait lieu à l'entonnoir ordinaire, la surface de commotion aura pour demi-grand axe et demi petit axe $\frac{7}{4}$ h', $h'\sqrt{2}$, et la surface de rupture, $h'\sqrt{2}$, h'.

La distance du centre des poudres, à un point quelconque de la surface de ces ellipsoïdes, prend le nom de *rayon sous-horizontal* de commotion ou de rupture, selon que ce point fait partie de l'une ou de l'autre de ces surfaces.

Ce point, ou extrémité du rayon sous-horizontal, doit être aussi l'extrémité de la partie de galerie que l'assiégeant se propose d'atteindre.

Entre la verticale du centre des poudres et la direction de la galerie à détruire, il existe une ligne de plus

9

courte distance et, comme celle-ci est à la fois perpendiculaire aux deux premières lignes, son horizontalité aura lieu, quelle que soit l'inclinaison de la galerie par rapport à l'horizon.

Appelons α l'angle de cette inclinaison, a la longueur de la plus courte distance ci-dessus, l la longueur absolue de la moitié de la galerie à détruire, b la hauteur verticale du centre des poudres, ces deux dernières étant comptées à partir de la plus courte distance.

La projection horizontale et la projection verticale de l ayant pour valeurs $l\cos\alpha$ et $l\sin\alpha$, la hauteur du centre des poudres au-dessus de l'extrémité de galerie à détruire sera $b \pm l\sin\alpha$, le signe positif ayant lieu lorsque la galerie descend en avant du centre des poudres et le signe négatif, quand elle est ascendante.

Le rayon sous-horizontal est évidemment l'hypoténuse d'un triangle rectangle ayant pour hauteur $b \pm l\sin\alpha$ et pour base l'expression $\sqrt{a^2 + l^2\cos^2\alpha}$ qui est aussi celle de la projection horizontale du rayon sous-horizontal.

Quant au point *à battre* (extrémité à atteindre de la galerie), non-seulement il appartient à une ellipse méridienne dont les demi-axes, l'un horizontal et l'autre vertical, sont $\frac{7}{4}h'$, $h'\sqrt{2}$ quand la surface est de commotion ou $h'\sqrt{2}$, h' quand cette surface est de rupture, mais encore il a, sur cette courbe, pour *abscisse* et pour *ordonnée* $\sqrt{a^2 + l^2\cos^2\alpha}$ et $b \pm l\sin\alpha$.

En remarquant que $\left(\frac{7}{4}\right)^2 h'^2$ est à peu de chose près

$3h'^2$, il est facile de reconnaitre l'équation de l'ellipse de commotion dans cette relation

$$3y^2 + 2x^2 = 6h'^2,$$

et l'équation de l'ellipse de rupture dans cette autre

$$2y^2 + x^2 = 2h'^2.$$

Substituons à y et x la valeur $b \pm l\sin z$ et la valeur $\sqrt{a^2 + l^2\cos^2 z}$, on trouve ces deux expressions de h', savoir :

$$h' = \sqrt{\frac{a^2 + l^2\cos^2\alpha}{3} + \frac{(b \pm l\sin z)^2}{2}},$$

et

$$h' = \sqrt{\frac{a^2 + l^2\cos^2\alpha}{2} + (b \pm l\sin z)^2}.$$

Ce qu'il importe surtout, c'est d'offrir à l'assiégeant des moyens directs, soit pour ébranler soit pour crever les galeries de l'assiégé, et ces moyens consistent dans les charges qu'il faut mettre en action. Nommant C la charge de commotion, C_i la charge de rupture et observant qu'en tant qu'elles produisent un fourneau ordinaire de ligne de moindre résistance h', elles équivalent respectivement (25) au produit $1{,}50 \times h'^3$, on aura les formules générales

$$C = 1,50 \times \left[\frac{a^2 + l^2\cos^2\alpha}{3} + \frac{(b \pm l\sin\alpha)^2}{2} \right]^{\frac{3}{2}},$$

$$C_t = 1,50 \times \left[\frac{a^2 + l^2\cos^2\alpha}{2} + (b \pm l\sin\alpha)^2 \right]^{\frac{3}{2}},$$

qui satisferont à toutes les circonstances imaginables de la guerre souterraine.

Si nous supposons que les galeries soient horizontales (ce qui est le cas le plus ordinaire), on fera $\sin\alpha = 0$, $\cos\alpha = 1$; ce qui donne

$$C = 1,50 \times \left[\frac{a^2 + l^2}{3} + \frac{b^2}{2} \right]^{\frac{3}{2}},$$

$$C_t = 1,50 \times \left[\frac{a^2 + l^2}{2} + b^2 \right]^{\frac{3}{2}}.$$

Si l'assiégeant emploie des fourneaux qui soient à même hauteur que les galeries de l'assiégé, on devra poser $b = 0$; les formules immédiatement précédentes deviennent

$$C = 1,50 \times \left[\frac{a^2 + l^2}{3} \right]^{\frac{3}{2}},$$

$$C_t = 1,50 \times \left[\frac{a^2 + l^2}{2} \right]^{\frac{3}{2}}.$$

Enfin si l'attaque s'opère, au moyen de puits verticaux dirigés sur le ciel même de la galerie et jusqu'à la distance verticale b au-dessus de ce ciel, au lieu de $b = 0$, il faudra faire $a = 0$ dans les formules relatives aux galeries horizontales de contre-mines et l'on aura :

$$C = 1,50 \times \left[\frac{l^2}{3} + \frac{b^3}{2} \right]^{\frac{3}{2}},$$

$$C_1 = 1,50 \times \left(\frac{l^2}{2} + b^2 \right)^{\frac{3}{2}}.$$

Exemples. Quelle est la charge de *rupture* d'un fourneau situé à 3 mètres de distance horizontale, hors d'une galerie qu'il est destiné à détruire sur une longueur totale de 8 mètres ou sur une demi-longueur de 4 mètres ?

On recourra à la formule $C_1 = 1,50 \times \left[\frac{a^2 + l^2}{2} \right]^{\frac{3}{2}}$, dans laquelle on posera $a = 3^m$, $l = 4^m$ et $\frac{a^2 + l^2}{2} = 12.50$; puis on calculera la charge C_1 ainsi qu'il suit :

Log 1,50.... 0,4760913

$\frac{3}{2}$ Log 12,50... 1,6453650

————————

1,8214563 = Log C_1 = Log $66^k,29$.

Veut-on la charge de rupture d'un puits vertical dont le fond soit à 3 mètres au-dessus du ciel de la galerie précédente ?

On prendra alors la formule $C_i = 1,50 \times \left[\dfrac{l^2}{2} + b^2\right]^{\frac{5}{2}}$

et après y avoir posé $l = 4^m$, $b = 3^m$ et $\dfrac{l^2}{2} + b^2 = 17$,

on trouve :

$$\begin{array}{l}\phantom{\dfrac{5}{2}}\ \text{Log } 1,50\ldots\ 0,1760913 \\ \dfrac{5}{2}\ \text{Log } 17\ldots\ 1,8456734 \\ \hline 2,0217647 = \text{Log } C_i = \text{Log } 105^k,04.\end{array}$$

Lorsque l'assiégeant ne peut ou ne veut pas *bourrer* ses fourneaux d'attaque, il devra *doubler* ses charges calculées conformément aux expériences de Mouzé, desquelles nous allons nous occuper.

35. — Diminution dans la longueur du bourrage. — Méthode de Mouzé.

Le temps, si précieux en toutes choses, doit l'être au défenseur vigilant qui se tient toujours en garde contre les coups, même les plus imprévus, de son adversaire. Une diminution dans la longueur du bourrage dont l'opération est si lente, a fait penser au mineur qu'il y trouverait économie de temps et de travail.

Sans endommager, en arrière, ses galeries qu'il tient à défendre *pied à pied*, il choisit, pour le bourrage dont il veut abréger la longueur, des matériaux plus résistants que le terrain environnant, et c'est ainsi qu'en substituant à la terre mêlée de gazon, de la terre mêlée de bois, il parvient (32) à réduire d'un quart, la longueur ordinaire.

Au reste l'emploi des arcs-boutants, des étrésillons, des galeries étayées, des rameaux hollandais revêtus en madriers épais, ou bien encore des rameaux de combat qui se remplissent avec des bois calibrés, cet emploi, disons-nous, justifie le précepte que tout surcroît artificiel de résistance créé dans un bourrage, entraîne avec soi diminution de longueur.

Mais si on renonce à la conservation des galeries, comme lorsqu'il s'agit de faire sauter un ouvrage en entier, même une place, en un mot lorsque le temps presse, il faut alors recourir à la méthode de Mouzé. Nous la rappellerons ici d'autant plus volontiers que c'est une occasion de raviver le souvenir de belles expériences qui ne sont pas des moins intéressantes parmi toutes celles de l'art du mineur.

Par ordre du Ministre de la guerre et sous la direction de M. le chef de bataillon du génie Mouzé, des expériences furent faites à Metz en 1801, « pour tenter » la diminution et même la suppression du bourrage » des mines, par une augmentation progressive dans » les charges. »

Des expériences très-soignées, avec procès-verbal du 11 août 1801, ont été publiées au N° 1 du *Mémorial de l'officier du génie*, pages 35 et suivantes.

Les conclusions de Mouzé semblent annoncer qu'il y aurait identité d'explosions ou d'effets produits, dans les quatre circonstances suivantes ou du moins dans les trois dernières, savoir :

1° Lorsque la charge réglementaire d'un fourneau est accompagnée de son bourrage obligatoire ;

2° Lorsqu'elle est augmentée d'un quart en sus, et la longueur du bourrage diminuée d'un tiers ;

3° Lorsqu'elle est augmentée de deux quarts ou de moitié en sus, et la longueur du bourrage diminuée de deux tiers ;

4° Lorsqu'elle est doublée, et la longueur du bourrage rendue nulle.

Il convient d'ajouter que l'identité attendue des effets n'a pas toujours été rigoureusement complète.

Quoi qu'il en soit, prenant pour unités respectives la charge réglementaire et la longueur obligatoire de son bourrage, nommons généralement x et y les augmentations et les diminutions simultanées de la première et de la seconde, qui soient telles que les effets du fourneau n'en soient pas altérés. On arrive à deux

séries, l'une des valeurs de x........... $\dfrac{1}{4}$...... $\dfrac{2}{4}$...... $\dfrac{4}{4}$,

l'autre des valeurs de y...... $\dfrac{1}{3}$...... $\dfrac{2}{3}$...... $\dfrac{3}{3}$.

Les augmentations de la charge procèdent donc, selon une progression croissante par quotient dont la raison géométrique est 2, tandis que les diminutions conjuguées du bourrage suivent une progression également croissante, par différence, dont la raison

arithmétique est $\dfrac{1}{3}$.

D'ailleurs les valeurs simultanées x, y doivent occuper le même rang $n + 1$ dans leurs progressions particulières, et, d'après les formules connues, donner lieu aux deux équations :

$$x = \frac{1}{4} \times 2^n = 2^{(n-2)}.$$

$$y = \frac{1}{3} + \frac{1}{3}n = \frac{n+1}{3}.$$

Enfin, éliminant n, on trouve cette relation entre x et y :

$$x = 2^{3(y-1)}.$$

Qu'on remplace, dans cette formule, y par les valeurs $\frac{1}{3}$, $\frac{2}{3}$, $\frac{3}{3}$, et l'on reproduira, comme cela devait être pour les augmentations correspondantes de charge, les valeurs successives $\frac{1}{4}$, $\frac{2}{4}$ et 1.

Mais si on pose $y = 0$, on trouve, au lieu de $x = 0$, $x = \frac{1}{8}$.

Cette conséquence si disparate, en vertu de laquelle, sans même toucher au bourrage obligatoire, il faudrait déjà augmenter de son huitième la charge réglementaire d'un fourneau, est la preuve non équivoque qu'il est impossible, par une loi commune, de rattacher les trois derniers résultats de Mouzé au premier qui, en définitive, en est l'origine la plus certaine ; il est donc également permis de douter de la continuité de la règle qu'a posée l'habile mineur.

Et cependant supprimer le bourrage en doublant la

charge n'en est pas moins un fait acquis, comme on va le voir d'après la considération suivante :

Une charge et la longueur de son bourrage propres à une explosion déterminée, étant toujours prises pour unités respectives, augmentons la première de la quantité relative x, et admettons qu'avec ce nouvel état $1 + x$, il faille réduire le bourrage à la longueur $y' = 1 - y$ pour obtenir encore l'effet dû à la charge $= 1$.

Il est clair que toute diminution de bourrage au-dessous de sa longueur obligatoire amènera, dans la nouvelle charge $1 + x$, à travers le bourrage réduit, une certaine fuite de gaz de la poudre, fuite qui, variant selon que le bourrage a été plus ou moins accourci, doit être regardée comme une fonction de cette longueur.

Par conséquent on peut fixer la longueur y', de telle sorte que, le volume total des gaz brûlés étant 1, celui des gaz qui s'échappent à travers le bourrage soit x, ou que le déchet éprouvé par la nouvelle charge $1 + x$, ait pour valeur le produit $(1 + x)x$.

La différence $1 + x - (1 + x)x$, ou $1 - x^2$ sera alors ce qui reste de la charge, pour être *utilisé* ou pour produire la même explosion que la charge primitive avec son bourrage obligé, quand leur système correspondait à l'unité de valeurs respectives.

D'un autre côté, à cette partie utile $1 - x^2$ correspond le bourrage y', lequel doit lui suffire et satisfaire à la relation de toute charge avec son bourrage.

En vertu de cette relation déjà démontrée (33), que les bourrages obligatoires sont proportionnels aux racines cubiques de leurs charges, on aura :

$$1 : y' :: \sqrt[3]{1} : \sqrt[3]{1 - x^2}.$$

ou mieux encore :

$$x = \sqrt{1 - y'^3}.$$

Telle est, selon nous, la formule à l'aide de laquelle on calcule, sans qu'il y ait altération dans l'effet d'un fourneau, l'augmentation relative x à donner à la charge, lorsqu'on réduit le bourrage à la longueur relative y'.

Pour $y' = 1$, on a $x = 0$, et pour $y' = 0$, $x = 1$; autrement dit, la charge réglementaire correspond à son bourrage obligatoire et elle se *double* quand on le supprime entièrement. C'est là un résultat majeur dont nous devons la connaissance à Mouzé, et de la plus haute importance quand il s'agit de circonstances pressantes à la guerre. (Exemple, Alméida).

La même formule, comme on a pu le prévoir, offre des valeurs de x imaginaires pour $y' > 1$, ou tant qu'un bourrage serait rendu *inutilement* supérieur au bourrage obligatoire.

Enfin si, après avoir posé successivement $y' = \frac{2}{3} = \frac{1}{3}$, on tire, de notre formule, des valeurs de x supérieures aux augmentations de charge $\frac{1}{4}$ et $\frac{2}{4}$ indiquées dans la règle de Mouzé, on aurait peut-être sujet de penser que les explosions qui ont eu lieu, dans ces deux cas, n'étaient pas complétement identiques avec celle de la charge primitive.

Les aperçus précédents sur le bourrage, se résument dans les conséquences qui suivent, et qu'il ne sera pas inutile de rappeler :

1° La règle des écoles régimentaires, relative à la longueur du bourrage revient (33) à regarder cette longueur comme équivalente au plus grand rayon de rupture dont la charge soit susceptible, et ce plus grand rayon n'est pas autre chose que celui de ladite charge amenée à l'état de camouflet.

2° L'identité observée (34) entre le rayon dit de commotion d'une charge et le rayon de rupture qu'elle acquiert, considérée comme camouflet, conduit à la détermination de fourneaux capables soit d'ébranler soit de détruire certaines longueurs de galeries.

3° Enfin l'effet d'une charge accompagnée du bourrage qui lui est propre, ne change pas, quand on la double et qu'on supprime le bourrage.

CHAPITRE VIII.

36. — **Transformation des charges en terrain ordinaire, dans les charges capables des mêmes entonnoirs en un milieu quelconque.**

Le lecteur, en se pénétrant de la théorie générale exposée au chapitre IV, a sans doute reconnu que tout y avait été déjà dit sur l'estimation des charges d'un fourneau, dans un terrain quelconque.

Appliquée jusqu'ici aux terres ordinaires, la table du N° 27, chapitre V, va d'ailleurs se prêter aux autres milieux, comme l'instrument de musique à tous les tons ; le secret de la *transposition* ne consiste qu'à multiplier les charges en terrain ordinaire par un facteur spécial à chaque nouveau milieu.

Reprenons d'abord (21) la formule générale

$$C = h^3[L(1 + n^2)^{\frac{3}{2}} + N(\sqrt{1 + n^2} - 1)^2],$$

10

où h et n représentent la ligne de moindre résistance et la tangente trigonométrique de l'angle de demi-ouverture de l'entonnoir à produire par la charge C et où les coefficients L, N ont été substitués, l'un à la quantité $\dfrac{4}{5}\dfrac{\pi D . p}{\mu^3 P}$ et l'autre à $\dfrac{\varepsilon \pi D p}{2 \mu^3 P}$. On se rappellera encore que, des six éléments qui entrent dans leur composition, il n'y en a que deux qui changent quand les charges passent d'un milieu à un autre, savoir : la résistance p du terrain à la pénétration et le rapport μ des rayons conjugués de rupture et de compression, rapport qui lui-même (15) est une fonction de cette résistance et de celle du terrain à la rupture.

Nommons p', μ', les deux éléments qui résultent de la nature d'un autre milieu, et C' la charge capable d'y développer le même entonnoir que la charge C dans le milieu connu dont p, μ expriment les éléments analogues.

L'identité des entonnoirs relatifs aux deux charges C, C' emporte, avec elle, la condition que h et n restent les mêmes dans les deux circonstances, de sorte qu'on devra poser, simultanément, après le remplacement de L, N, par les dernières valeurs ci-dessus :

$$ C = \frac{p}{\mu^3} \cdot h^3 \left[\frac{4\pi D}{3P}(1+n^2)^{\frac{3}{2}} + \frac{\pi \varepsilon D}{2P}(\sqrt{1+n^2}-1)^2 \right], $$

$$ C' = \frac{p'}{\mu'^3} \cdot h^3 \left[\frac{4\pi D}{3P}(1+n^2)^{\frac{3}{2}} + \frac{\pi \varepsilon D}{2P}(\sqrt{1+n^2}-1)^2 \right]. $$

En divisant ces deux équations l'une par l'autre, on trouve cette autre relation

$$C' = \mathfrak{S}C,$$

où $\mathfrak{S}$ représente le rapport $\dfrac{\mu^3 p'}{\mu'^3 p}$ qui ne dépend, lui, en aucune façon, des dimensions des entonnoirs égaux produits respectivement par les charges C, C'; ce rapport est donc aussi celui de deux charges capables d'un même entonnoir, dans deux milieux différents.

Il paraît tout naturel de choisir, pour termes de comparaison, les charges C en terrain ordinaire; on les obtient, en faisant le produit du cube de la ligne de moindre résistance, multiplié par le facteur qui, sur la table du N° 27, correspond au rapport n du rayon supérieur de l'entonnoir comparé à cette ligne.

Pour avoir les charges C' capables, dans un terrain quelconque, d'un même entonnoir que les charges C en terrain ordinaire, multipliez celles-ci par le facteur $\mathfrak{S}$ spécial au premier milieu.

Réciproquement quand, pour une charge donnée C' et dans un terrain quelconque, il s'agit de calculer une dimension inconnue d'entonnoir, ou bien une longueur de bourrage, etc., mettez $\dfrac{C'}{\mathfrak{S}}$ à la place de C, dans la relation déjà établie, en terrain ordinaire, entre cette dimension ou longueur à trouver et la charge C.

Il reste encore à se fixer sur la valeur $\mathfrak{S}$ du facteur qui concerne un terrain quelconque; un seul *fourneau d'épreuve* suffit à cette détermination. — Mesurez, dans ce terrain, la ligne de moindre résistance ainsi que le rayon supérieur de l'entonnoir qu'y fait naître, par son explosion, une charge *arbitraire*, et cherchez, au moyen de la table N° 27, la charge qui doit produire le même entonnoir dans les terres ordinaires. Le facteur demandé δ résultera d'une division ayant pour *dividende* la charge d'épreuve et pour *diviseur* la charge tabulaire.

Rien alors de plus facile aux commandants des écoles régimentaires, que d'employer cette méthode de recherches sur les terrains de leurs polygones respectifs.

A défaut de ces résultats, nous emprunterons au *Manuel du mineur*, page 138, sa table de rapports des charges en divers milieux, avec celles qui produisent le même entonnoir en terres ordinaires; toutefois on en supprime la colonne relative aux charges par unité de volumes, parce que notre théorie n'admet aucune liaison entre les charges et les volumes de leurs entonnoirs. Le signalement le plus propre à distinguer les milieux, c'est sans contredit leur densité; aussi la table en question a-t-elle consacré une autre colonne à l'indication des poids en livres, du pied cube de chaque milieu. Sous le régime actuel du système métrique, il convient de remplacer ces poids par ceux du mètre cube en kilogrammes, et cela en multipliant les premiers par le facteur numérique 14,28 égal à $\dfrac{0^k,4895}{0^{mc},03428}$.

37. — Table indiquant, pour divers milieux, les rapports de charges capables du même entonnoir qu'une autre charge en terre ordinaire.

NUMÉROS D'ORDRE.	DÉSIGNATION DES MILIEUX.	POIDS d'un mètre cube.	RAPPORT des charges avec celle en terrain ordinaire ou $\mathcal{E}$.
1	Terre commune...............	1357	1,12
2	Sable fort....................	1771	1,25
5	Grosse terre mêlée de sable ou de gravier appelée *Terre ordinaire*..................	1856	1,00
4	Sable humide................	1885	1,51
5	Terre mêlée de petites pierres...	1889	1,41
6	Argile mêlée de tuf..........	1985	1,55
7	Terre grasse mêlée de cailloux..	2285	1,69
8	Roc........................	2285	2,25
9	Nouvelles ou vieilles maçonneries humides..................	»	1,50
10	Maçonneries médiocres.........	»	1,66
11	Nouvelles maçonneries très bonnes.....................	»	2,25
12	Vieilles maçonneries très-bonnes.	»	2,50
15	Maçonneries romaines ou rendues telles.....................	»	2,90

On fera observer qu'il ne peut y avoir aucune similitude entre les valeurs précédentes de ε et les résistances relatives (11) des milieux solides auxquels ces valeurs correspondent, à moins qu'on ne prétende confondre des rapports *complexes* tels que $\dfrac{\mu^3 p'}{\mu'^3 p}$ et des rapports *simples* tels que $\dfrac{p'}{p}$.

38. — Exemples.

Une charge de 82 kilogrammes étant employée dans la *terre commune* et devant y développer un entonnoir dont l'évasement est $n = 1,35$, on demande : 1° la ligne de moindre résistance ; 2° la longueur du bourrage nécessaire à cette charge.

Puisqu'il s'agit de la terre commune pour laquelle le coefficient ε est égal à 1,12 on a :

$$C = \frac{C'}{1,12} = \frac{82^{k}}{1,12} = 73^{k},31.$$

Usant de la table N° 27, on trouve $n = 1$ pour la plus grande valeur de n inscrite et inférieure à $n = 1,35$; d'où $\Delta n = 0,35$.

Le facteur $\dfrac{C}{h^3}$ et l'accroissement A en regard de $n = 1$. sont :

$$\frac{C}{h^3} = 1,500, \qquad A = 3,033.$$

On aura par conséquent (28)

$$\Delta n = 0,35,$$

$$\Delta \frac{C}{h^3} = 2\Lambda \cdot \Delta n = 0,70 \times 3,033 = 2,123,$$

et pour facteur réel

$$\frac{C}{h^3} = \Delta \frac{C}{h^3} = 1,500 + 2,123 = 3,623.$$

On trouve encore

$$h = \sqrt[3]{\frac{C}{3,623}} = \sqrt[3]{\frac{73^k,31}{3,623}} = 2^m,73.$$

La longueur du bourrage est ici donnée (33), non par la formule $\frac{7}{4}\sqrt[3]{\frac{2}{5}C'}$, mais par la formule $\frac{7}{4}\sqrt[3]{\frac{2C}{5}}$ qui devient $\frac{7}{4}\ 3,656 = 6^m,40.$

Autre exemple. Avec une charge de 100 kilogrammes agissant dans la terre *mêlée de petites pierres* et sous 3 mètres de ligne de moindre résistance, quel est l'évasement n de l'entonnoir?

Le facteur 6 relatif à la terre mêlée de petites pierres, étant 1,44 on a :

$$C = \frac{C'}{1,44} = \frac{100^k}{1,44} = 70^k,92 :$$

d'où

$$\frac{C}{h^3} = \frac{70^k,92}{27} = 2,63.$$

Le facteur $\dfrac{C}{h^3}$ immédiatement inférieur à 2,63 et inscrit à la table N° 27, est 1,500 ayant en regard, d'une part, $A = 3,033$ et de l'autre $n = 1$. Puis, à cause de $\Delta \dfrac{C}{h^3} = 2,63 - 1,50 = 1,13$, on aura (28) :

$$\Delta n = \frac{\Delta \dfrac{C}{h^3}}{2A} = \frac{1,13}{6,066} = 0,187,$$

et par conséquent pour l'évasement cherché

$$n + \Delta n = 1,187.$$

Quant au rayon supérieur de l'entonnoir, sa valeur est égale au produit $3^m \times 1,187 = 3^m,56$.

Dernier exemple. Quelle est, dans le roc, la charge de poudre capable d'un entonnoir ayant 4 mètres de ligne de moindre résistance avec un rayon supérieur qui en soit le double ?

On a 2,25 pour le facteur δ relatif au roc, ou $C' = 2,25.C$. Or la table N° 27, pour $n = 2$, indique le facteur $\dfrac{C}{h^3} = 10,092$. D'où

$$C' = 2,25 . 10,092 . (4^m)^3 = 1453,25.$$

39. — Poudres de qualité supérieure ou inférieure à celle de la poudre ordinaire.

La qualité et la puissance des poudres se diversifient avec leur composition, leur densité, etc. Aussi, avant d'en faire usage, faut-il d'abord en régler les charges et même encore, si on le veut, en évaluer la force absolue. On y parvient, par la comparaison d'une charge C'' de la poudre d'essai produisant, dans un terrain quelconque, un certain entonnoir, et de la charge C, en poudre ordinaire qui, dans ce même milieu, correspond à un entonnoir de dimensions identiques.

D'' étant la densité de la nouvelle poudre et P'' sa force absolue, les formules générales donneront la valeur de la charge C'', par le seul changement de D et P en D'' et P''; nous aurons ainsi les deux équations :

$$C'' = \frac{D''}{P''} \cdot h^3 \left[\frac{4\pi p}{3\mu^3}(1 + n^2)^{\frac{3}{2}} + \frac{\pi \varepsilon p}{2\mu^3}(\sqrt{1 + n^2} - 1)^2 \right],$$

$$C = \frac{D}{P} \cdot h^3 \left[\frac{4\pi p}{3\mu^3}(1 + n^2)^{\frac{3}{2}} + \frac{\pi \varepsilon p}{2\mu^3}(\sqrt{1 + n^2} - 1)^2 \right],$$

et par conséquent aussi cette troisième

$$C'' = \frac{D''P}{DP''} \cdot C = \gamma \cdot C.$$

Donc, pour passer d'une charge de poudre ordinaire à celle d'une autre espèce capable du même effet dans un même milieu, on multipliera la première par un coefficient de correction γ et ce coefficient, on le détermine en divisant la charge d'essai par celle en poudre ordinaire que l'on calcule à l'aide des tables N⁰ˢ 27 et 37 et d'après les dimensions de l'entonnoir d'épreuve.

Dès qu'on est éclairé sur cette valeur de γ, on n'est plus arrêté devant celle de la force absolue de la nouvelle poudre, puisque cette dernière se déduit de la relation :

$$P'' = \frac{D''P}{D \cdot \gamma}.$$

40. — Emploi des fourneaux d'épreuve dans les expériences de mines.

Les expériences de mines n'ont pas besoin d'être faites sur des fourneaux aussi grands que ceux qui sont usités dans l'attaque et la défense. Moins sont considérables les charges d'épreuve, plus on évite les chances d'irrégularité qu'amène, à des entonnoirs trop étendus, le défaut d'homogénéité du sol. Il en est ici, comme dans les expériences relatives à la résistance des cordages où une petite longueur de corde vaut mieux à éprouver qu'une plus grande, parce que, sous le même diamètre et sous la même tension, la rupture de la première est moins fréquente que celle de la seconde. La garantie des observations doit donc engager l'expérimentateur à choisir, pour ses fourneaux d'épreuve, des lignes de moindre résistance qui ne dépassent pas 2 mètres quand il s'agit de terres, et de plus petites encore quand il s'agit de maçonneries.

Le bourrage des épreuves, partout où on l'établit, altère la nature du terrain et en affaiblit la force de cohésion. Qu'on fasse en sorte qu'il n'y pénètre, ni en traversant la ligne de moindre résistance, ni selon la direction de cette ligne, si l'on veut que le sol demeure *vierge* depuis le centre du fourneau jusqu'à la surface extérieure du terrain.

Voilà pourquoi un simple puits vertical, muni d'une charge au fond et bourré, par dessus, avec des *terres déjà remuées et entamées,* ne convient point à des essais et n'offrirait qu'une représentation infidèle des effets à constater. Il est plus exact de le remplacer par un rameau souterrain assez long pour recevoir le bourrage et aboutissant à une chambre creusée au-dessous du terrain. Si un puits vertical devient indispensable, que ce soit seulement pour *entrer en rameau* et que son influence reste étrangère au résultat de l'épreuve.

L'explosion d'un fourneau comprimant fortement les parois de l'entonnoir, on sépare aisément les fragments de terre qui, d'abord lancés au-dehors, retombent ensuite dans son intérieur. Toutefois il ne faut pas que cette séparation occasionne le moindre changement dans les formes du vide, et c'est dans ce but que l'opération se fera, non à l'aide de la pioche, mais avec une pelle légère ou même encore avec la main.

Lorsque l'entonnoir aura été nettoyé et qu'on aura *repéré*, avec quelque point fixe, la position du **centre des poudres**, on sera à même de mesurer :

1° L'enfoncement vertical de ce centre, au-dessous du terrain (ce sera la ligne de moindre **résistance** qui, d'ailleurs, est déjà connue) ;

2° La distance verticale de ce même centre au-dessus du fond de l'entonnoir ; ce sera le **rayon de compression** ;

3° Le rayon supérieur de la circonférence du bord de l'entonnoir ;

4° Le rayon de la circonférence de la base inférieure, prise à la hauteur du centre des poudres.

Ce sont là toutes les mesures à relever d'un fourneau d'épreuve qui doit servir de clef donnant entrée dans les secrets de la pratique des mines.

Et néanmoins, tout n'est plus secret, dans la guerre souterraine.

On accepte, comme infaillibles, les deux règles signalées (24), relativement aux charges du fourneau ordinaire et du globe de compression, dans les terres dites ordinaires ; à quoi l'on joint ce principe du N° 15, que le rapport des rayons conjugués de compression et de rupture demeure constant, dans un même milieu, quels que soient les entonnoirs.

Ces trois faits réunis impriment un cachet de vérité à la formule 25 des charges en terre ordinaire

$$\frac{C}{h^3} = 0{,}24(1 + n^2)\sqrt{1 + n^2} + 4{,}85(\sqrt{1 + n^2} - 1)^2;$$

car c'est par eux et uniquement d'après eux que, pour

cette même circonstance de terrain, ont été assignés les chiffres numériques 0,24 et 4,85 aux coefficients L et N de la théorie générale.

Calculée selon les principes précédents, la table du N° 27, relative aux terres ordinaires, va servir de base fondamentale pour passer, de ses propres charges, aux charges respectivement capables des mêmes entonnoirs, dans un milieu quelconque. Il ne manque plus que le coefficient de correction ε, et c'est au fourneau d'épreuve (36) qu'il faudra recourir pour en obtenir le chiffre.

S'agit-il de la transformation (39) d'une charge de poudre ordinaire en une charge équivalente de poudre d'une autre espèce, le fourneau d'épreuve vient en aide pour ce nouvel objet.

Ce n'est pas tout; d'après ce résultat bien constaté (17) que, dans les terres ordinaires et dans un fourneau ordinaire, le rayon de la base inférieure de l'entonnoir était *moitié* de la ligne de moindre résistance, on a reconnu qu'alors le rapport entre les rayons de rupture et de compression devenait égal à $\sqrt{10}$.

Or, cette conclusion n'est qu'un cas particulier de la relation plus générale du même numéro qui lie ce rapport ν et les rapports n, n' du rayon supérieur et du rayon inférieur de l'entonnoir comparés à la ligne de moindre résistance.

Par conséquent, avec les dimensions physiquement et minutieusement mesurées des fourneaux d'épreuve, il est possible non-seulement de vérifier le rapport des rayons de compression et de rupture pour chaque nature de terrain, mais encore de s'assurer jusqu'à quel point il maintient son chiffre, malgré la variété des entonnoirs.

Ce programme expérimental se résume dans ces paroles : toutes les lois d'explosion sont au fond d'un fourneau d'épreuve.

11. — Réflexions finales.

On aura cru peut-être que nous réservions à la fin du mémoire ce qu'il y aurait à dire sur la nomenclature, les dispositions et les tracés des contre-mines.

Le dernier mot sur les conditions d'un bon système, M. le général de division du génie Rohault de Fleury l'a donné et ses principes sont gravés, en caractères ineffaçables, sous les glacis de l'ouvrage à cornes de Saint-Victor, à Verdun.

Lecteur, allez visiter les contre-mines de cette place. A la vue de leurs écoutes isolées, qui ne présentent que des pointes à l'assiégeant et qui bravent ses plus terribles globes de compression, vous aurez bientôt dit adieu, sans regret, aux autres combinaisons souterraines qui ont pullulé au siècle dernier et dont les mystérieux artifices ne compenseront jamais ce qu'elles ont coûté.

Nous nous sommes aussi abstenu de la plupart des détails qui ressortissent du domaine pratique et technique du métier ; qu'ajouter d'ailleurs à ce qu'ont écrit, le colonel Villeneuve, dans son *Manuel pratique du mineur*, et le général Boutault, dans son *Cours des mines?*

Circonscrit en d'étroites limites, notre mémoire n'a plus été qu'une question purement mathématique et physique, mais dont les considérations ouvrent presque la voie au petit nombre d'expériences à renouveler ou à tenter, dans l'intérêt d'un service qui n'est pas moins important pour l'attaque que pour la défense.

L'auteur a cherché la lumière dans les ténèbres. Avec un instrument trop neuf encore pour n'être pas imparfait, a-t-il vu quelque chose? Que le lecteur juge, mais sans qu'il cesse d'admettre notre hypothèse (13) sur la température *moyenne et constante* qui se maintient pendant la combustion d'une charge de fourneau de mines, hypothèse qui sert encore de base aux lois de la *détente* de la vapeur motrice de nos machines et que Poisson lui-même (*Traité de mécanique*, tome II, page 21, 2e édition) applique à la dilatation des gaz développés par la charge d'un projectile dans l'*âme* de la pièce.

TABLE DES MATIÈRES.

PAGES

A M. Frédéric Gosselin............................ 5
Avertissement.................................... 7
Délibération du Comité des fortifications............... 9
Sommaire.. 11

CHAPITRE I.

Préliminaires.

ARTICLES.
1   Point de vue le plus général du problème des mines.   13
2   Périodes dans le jeu d'un fourneau.............. 14
3   Différence entre la charge d'un projectile et celle
     d'un fourneau.............................. 15

CHAPITRE II.

Résistances des milieux solides.

4   Résistance unitaire........................... 17
5   Volume d'impression, indépendance de la résistance
     par rapport à la vitesse...................... 18
6   Usage des enfoncements observés dans les milieux.. 21
7   Résistance d'un milieu contre une surface plane.... 22
8   Résistance contre une sphère mobile............. 23

9   Relation entre la vitesse d'un mobile, sa pénétration
    dans un milieu et la résistance unitaire de ce
    dernier 26

10 Principes sur le rapport entre les résistances uni-
    taires de deux milieux.. 29

11 Rapports numériques des résistances, l'une d'elles
    étant prise pour unité.. 31

CHAPITRE III.

**Combustion des charges. — Rayons de compression et de
rupture. — Entonnoirs des fourneaux.**

12 Définitions 35
13 Hypothèses sur la combustion de la poudre dans
    les fourneaux de mines 36
14 Rayon de compression intérieure 39
15 Rayon de rupture, rapport entre les rayons conju-
    gués de rupture et de compression........................... 40
16 Forme générale de l'entonnoir après l'explosion d'un
    fourneau 44
17 Détermination géométrique du rapport entre les
    rayons conjugués de rupture et de compression,
    en terrain quelconque....................................... 47
18 Construction graphique du profil des entonnoirs
    dans les terres dites ordinaires............................ 50
19 Nomenclature des fourneaux d'après les formes de
    leur entonnoir.. 54

CHAPITRE IV.

Théorie du calcul des charges de mines.

20 Volume total des gaz produits par une charge des-
    tinée à faire explosion...................................... 57

21 Charge correspondant à un fourneau donné 65
22 Cas particuliers 66
23 Entonnoirs semblables dans un même milieu...... 67

CHAPITRE V.

Calcul des charges dans la terre ordinaire.

24 Expériences sur les fourneaux en terre dite ordinaire... 69
25 Formule générale des charges en terre ordinaire ... 74
26 Comparaison des charges théoriques avec celles de l'expérience et des formules de Lebrun......... 76
27 Table des charges de mines, en terre ordinaire 79
28 Usage et applications de la table précédente....... 81

CHAPITRE VI.

Force absolue de la poudre.

29 Coup d'œil rétrospectif......... 85
30 Mortier éprouvette............................ 86
31 Calcul de la force absolue de la poudre........... 89

CHAPITRE VII.

Aperçus sur le bourrage.

32 Règle adoptée pour le bourrage 95
33 Motifs de la règle précédente.................... 95
34 Surfaces de commotion et de rupture............ 96
35 Diminution dans la longueur du bourrage.— Méthode de Mouzé 102

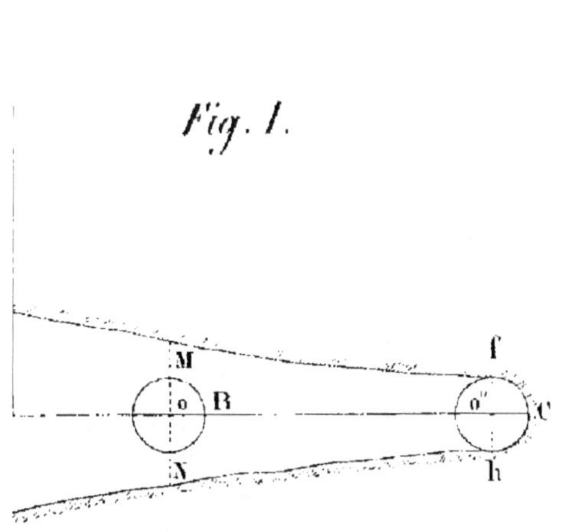

Fig. 1.
M
f
o
B
o"
C
N
h

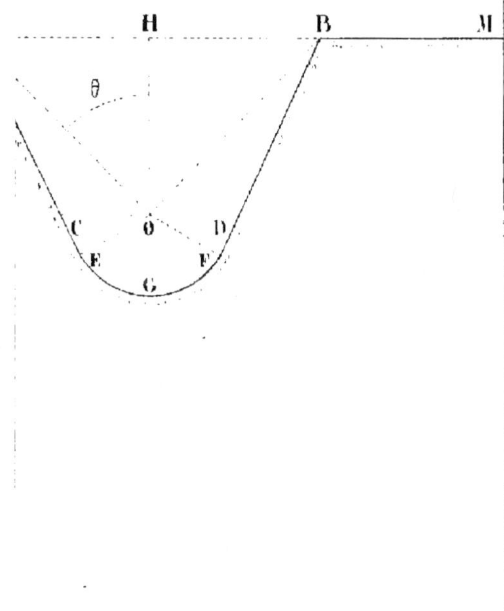

Fig. 2.
H
B
M
θ
C
o
D
E
F
G

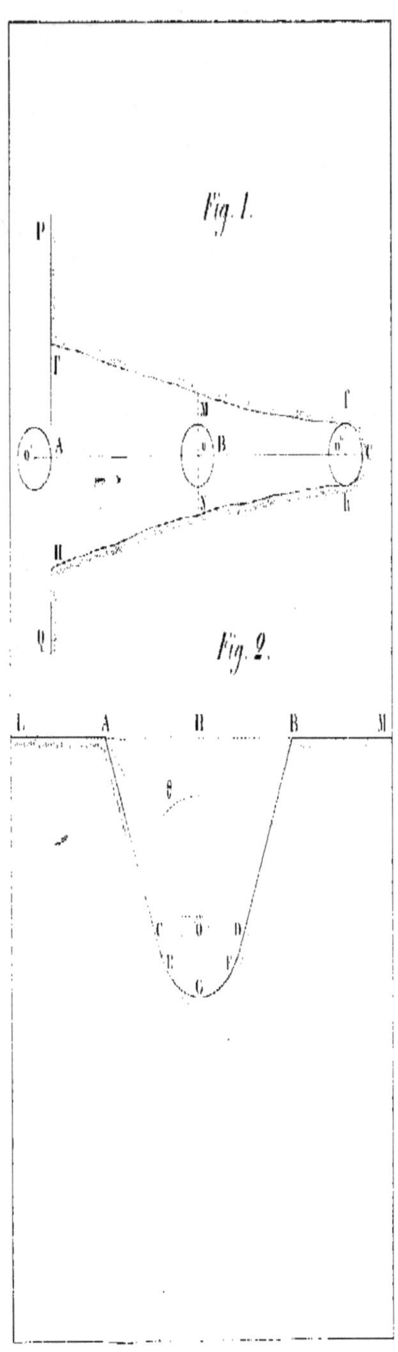

Fig. 1.
P
F
M
C
A
B
C
H
Q
Fig. 2.
L
A
R
B
M
θ
C
O
D
E
F
G

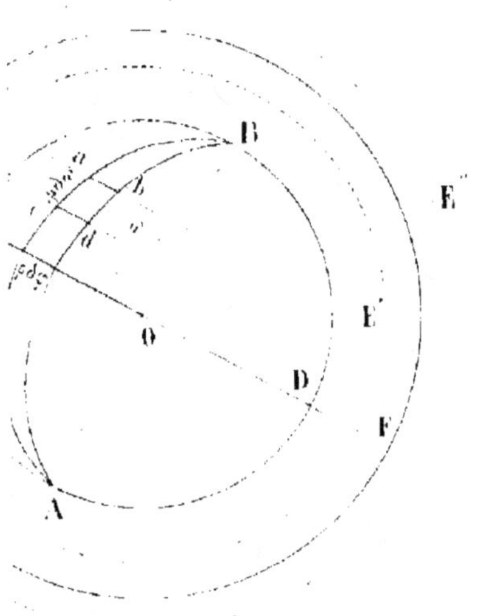

Fig. 5.

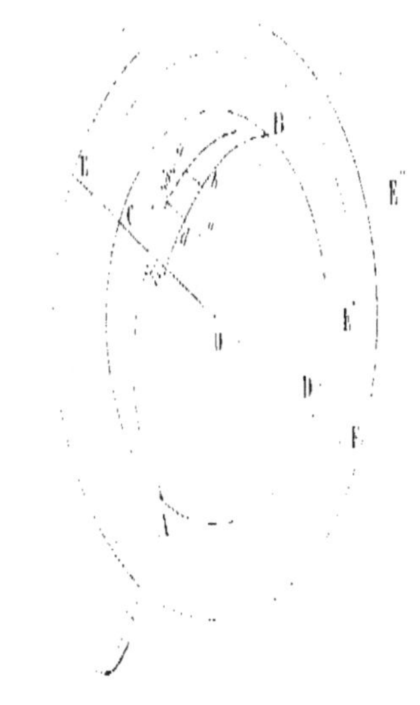

Fig. 5.

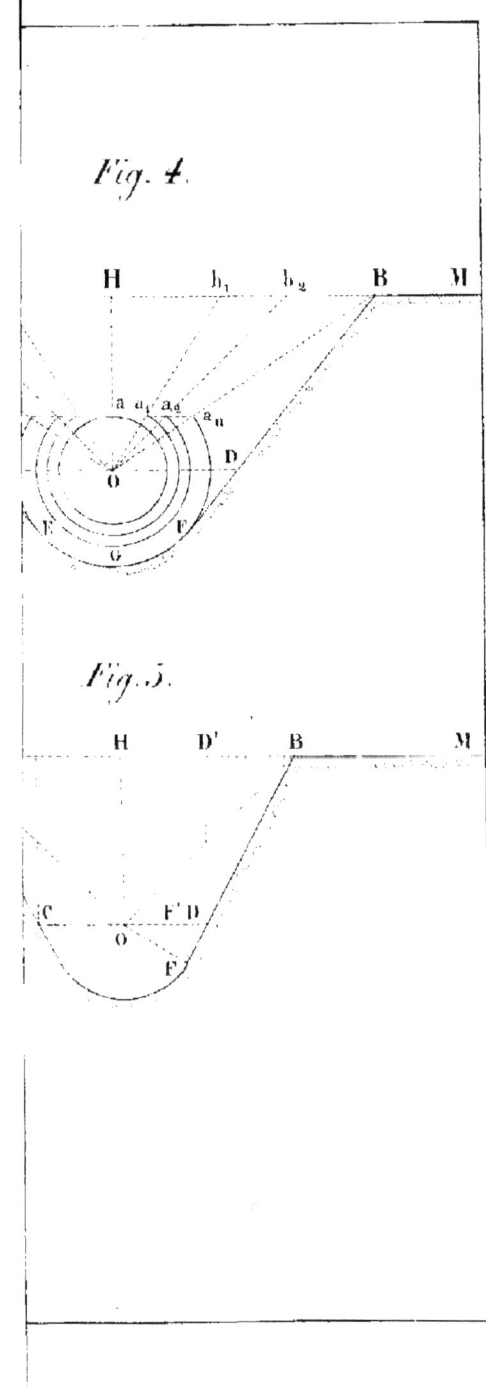

Fig. 4.
H b₁ b₂ B M
a a₁ a₂ a₃
D
O
E F
G
Fig. 5.
H D' B M
C F D
O
F

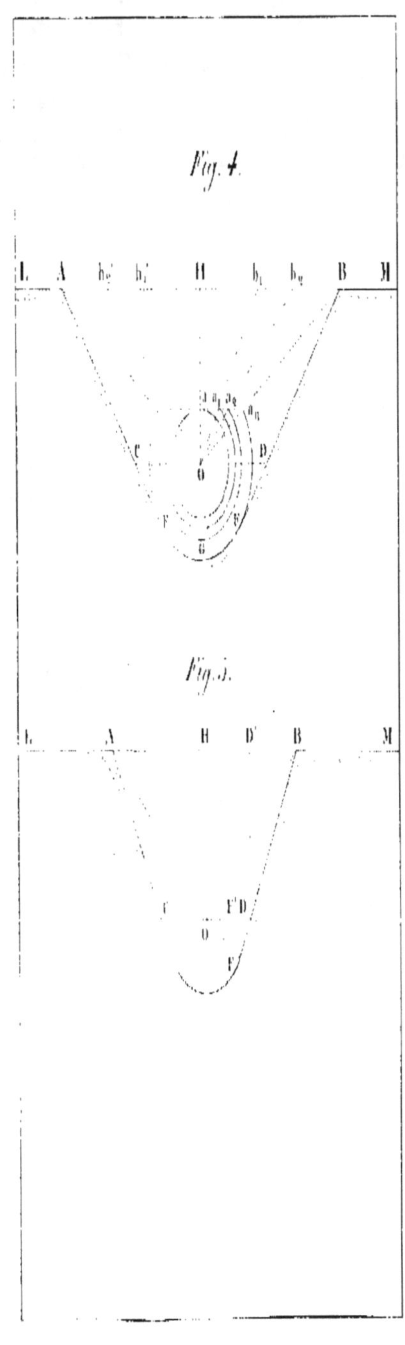

Fig. 4.
L A h₂ h₁ H b₁ b₂ B M
a a₁ a₀ a₃
C D
O
F E
G
Fig. 5.
L A H D' B M
C F'D
O
E

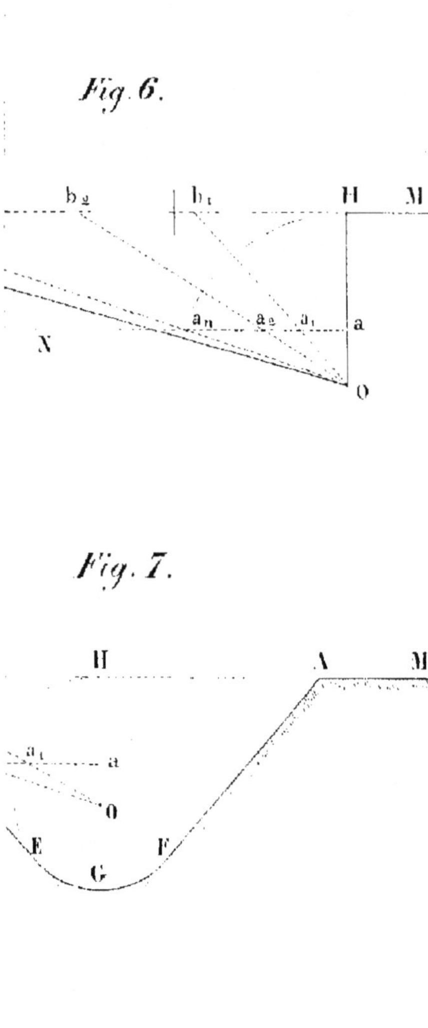

Fig. 6.
b₂
b₁
H
M
N
aₙ
a₂
a₁
a
O
Fig. 7.
H
A
M
a₁
a
O
E
F
G

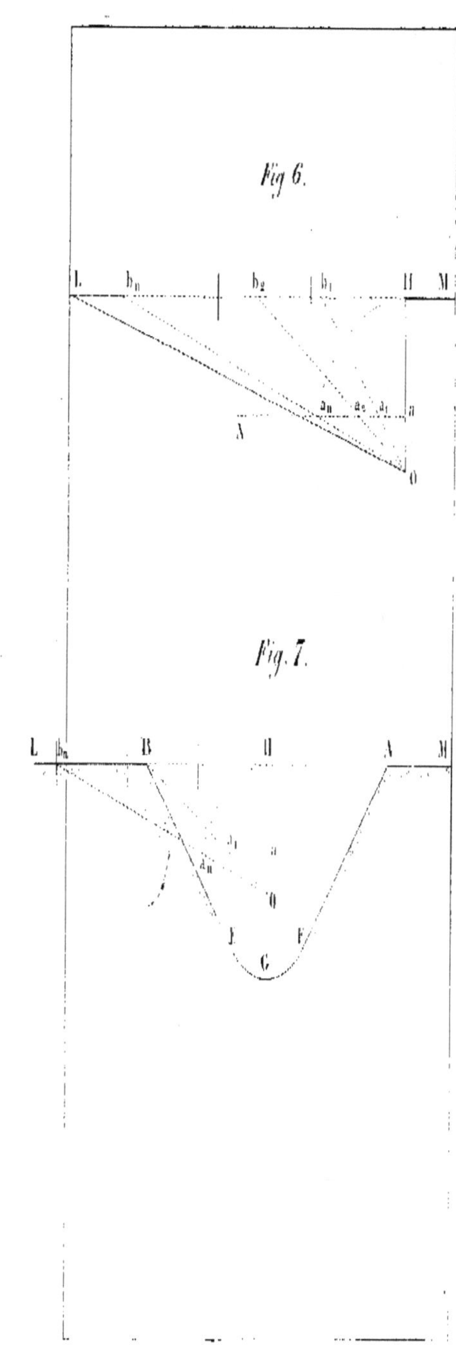

Fig 6.
L   b_n   b_2   b_1   H   M
a_n   a_2   a_1   a
A
O

Fig. 7.
L   b_n   B   H   A   M
a_1   a
a_n
O
E   F
G

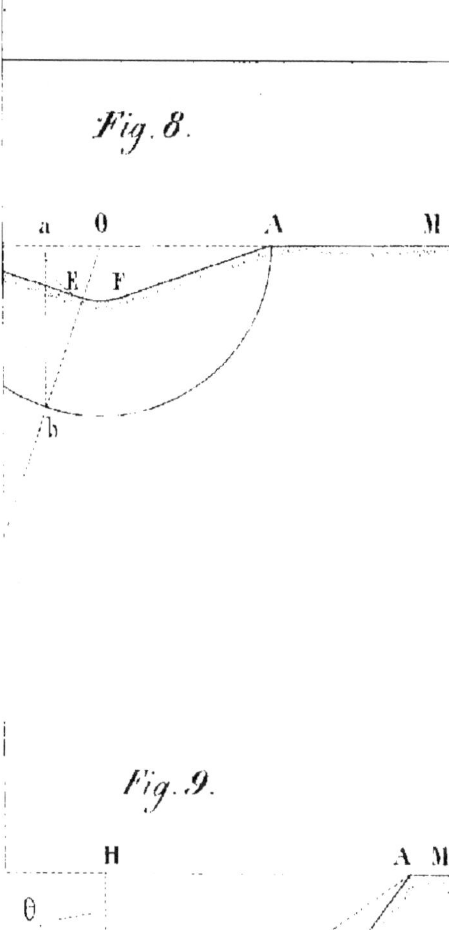
Fig. 8.
a
O
A
M
E
F
b

Fig. 9.
H
θ
X X X
a
b
O
A
M
G

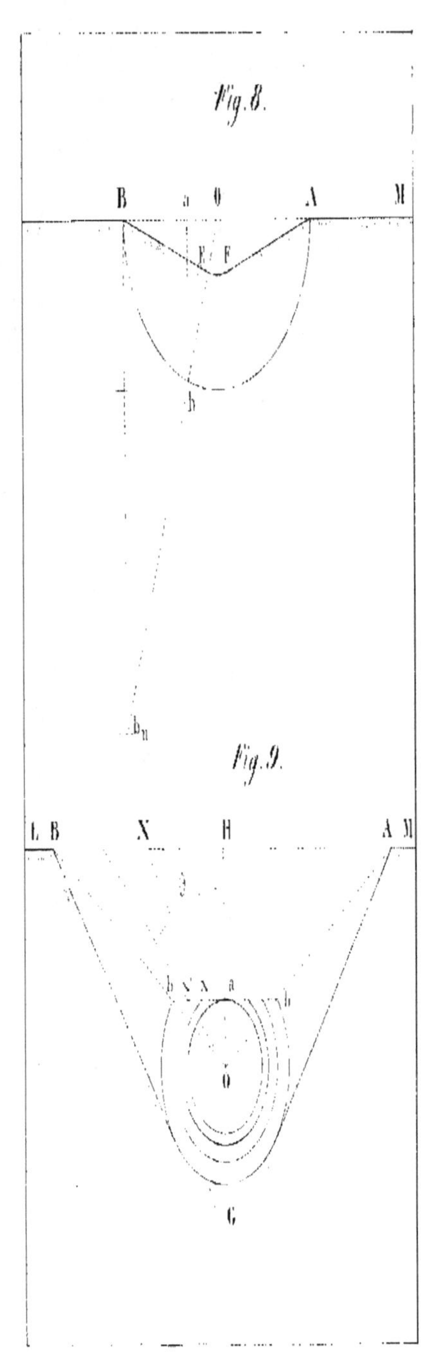

Fig.8.
B   a   O   A   M
F
b
b_n
Fig.9.
L B   X   H   A M
b   a   b
O
G

www.ingramcontent.com/pod-product-compliance
Lightning Source LLC
LaVergne TN
LVHW050828200726
843507LV00001B/225